超越存在的视野

Interpretation of

Progetto e utopia

解　读

《建筑与乌托邦》

吴家琦　编著

華中科技大學出版社
http://www.hustp.com
中国·武汉

图书在版编目（CIP）数据

解读《建筑与乌托邦》/ 吴家琦编著. - 武汉：华中科技大学出版社, 2020.9
（时间塔）
ISBN 978-7-5680-6495-8

Ⅰ. ①解… Ⅱ. ①吴… Ⅲ. ①建筑学-研究 Ⅳ. ①TU-0

中国版本图书馆CIP数据核字（2020）第150757号

解读《建筑与乌托邦》
JIEDU《JIANZHU YU WUTUOBANG》

吴家琦 编著

出版发行：华中科技大学出版社（中国·武汉）
武汉市东湖新技术开发区华工科技园
电话：(027) 81321913
邮编：430223

策划编辑：张淑梅
责任编辑：张淑梅
美术编辑：张 靖
责任监印：朱 玢

印 刷：武汉精一佳印刷有限公司
开 本：880 mm × 1230 mm 1/32
印 张：5.5
字 数：135千字
版 次：2020年9月 第1版 第1次印刷
定 价：58.00元

投稿邮箱：zhangsm@hustp.com
本书若有印装质量问题，请向出版社营销中心调换
全国免费服务热线：400-6679-118 竭诚为您服务

序　言

意大利学者曼弗雷多·塔夫里（Manfredo Tafuri）的理论著作是从20世纪80年代中期开始，由清华大学的汪坦先生首先介绍到国内的，后来同济大学的郑时龄先生又系统、完整地把塔夫里教授的《建筑学的理论和历史》这一重要著作翻译成中文。然而，塔夫里教授的《建筑与乌托邦》这本书，因为种种原因，虽然有不少文章谈起，但是一直没能被出版社系统、完整地介绍给中文读者。

《建筑与乌托邦》这本书的意大利文版是1973年出版的，英文版出版于1976年，塔夫里教授还专门为英文版写了一篇序言。考虑到英文版译者有意大利族裔背景，翻译过不止一部塔夫里教授的著作，且均由久负盛名的麻省理工学院出版社出版，加之塔夫里本人支持该书的英文版并作序，我们有理由相信，英文版的《建筑与乌托邦》是忠实地表达了原著的本意的。我在这里的解说，均以英文版为基础，同时参考意大利原版中的个别词汇，以便更准确地把握书中某些概念和词语的准确意义。

这本书的原名是 *Progetto e Utopia, Architettura e sviluppo capitalistico*，字面的意思是“设计与乌托邦，建筑艺术与资本主义发展”。到了英文版就变成 *Architecture and Utopia, Design and Capitalist Development*，字面的

意思就变成了“建筑与乌托邦，设计与资本主义发展”。这个书名的微妙变化，说明书籍翻译工作会不可避免地遇到一点挑战：一方面要求译者尽可能准确地传达出原文的意义，另一方面又要求兼顾翻译后所使用的语言文字自身的表达习惯。这里的“Progetto”基本上是指一个尚未实施的工程项目计划，也可以指一项伟大的事业，而在英文中，译者选择使用了稍微具体一些的抽象名词 Architecture 来代替它，而把副标题中的“Architettura”用“Design”来替代。假如没有塔夫里教授的认可，这个翻译或许会被认为是有一些问题的，但是，因为有了原作者的认可，这个英文翻译的实际做法可以说明，只要在大的方面能够准确把握原意，字面的细节上大可不必拘泥于形似，从意大利文到英文是这样，到根本没有任何交集的中文就更应该如此。

关于塔夫里教授的马克思主义建筑史学家身份，在这里需要澄清一下。这里的马克思主义与我们通常所理解的马克思主义基本上是南辕北辙的。塔夫里教授所信奉的马克思主义是以卢卡奇等人为代表的法兰克福学派社会学家口中的马克思主义，在理论界通常被界定为西方马克思主义的一种学派，与我们所说的马克思主义有很大的不同。概括地说，西方马克思主义除了在阶级分析这一基本思想和原则上与一般意义上的马克思主义一致以外，在其他方面几乎没有什么共同之处，而且引进了各种杂乱的理论，基本上没有一条清晰的边界，比如弗洛伊德关于梦的解析、人道主义、结构主义等批评理论，或者反过来说更清楚，他们只是在各种学术理论的东拼西凑之间，加入了阶级分析这一视角，从而涂抹上一层马克思主义的油彩。这一点需要注意。至于西方马克思主义的形成和演变历史，因为过于复杂，不在这里展开讨论。

另外需要说明的一点是，塔夫里教授是从“现代建筑”这个现象的整体来考察建筑艺术的发展过程的，而这个“现代建筑”并不是指发生在现代这个历史时期的建筑，而是代表了一种乌托邦式理想的建筑艺术理念、一种所追求的建筑实践。他在书中所举的例子，实际上并没有过多地关注相关的建筑师，或者建筑作品本身的具体做法和艺术成就，而是重点说明这些建筑师在那些作品中所表现出的意识形态与观念。塔夫里教授要阐明的正是，这样的实践是反历史的，是把建筑艺术变成宣扬某种特定意识形态的载体，在资本主义社会和经济发展过程中，这样的意识形态不过是一种乌托邦式的空想，必然是没有出路的。所以，总体上来说，塔夫里教授对现代建筑，从它的理论到实践，是持否定态度的。

目　录

导　读
塔夫里教授和他的《建筑与乌托邦》

自从20世纪80年代被介绍到国内建筑界开始，曼弗雷多·塔夫里教授一直是一个谜一样的人物，主要是因为他的理论，从内容到方法，与我国建筑界传统的教育和知识储备不匹配。这里所说的不匹配包含两层含义：第一层是塔夫里教授所论述的话题出乎建筑界的意料，大多数人根本不知道他在说什么；第二层是虽然看清楚了他说的内容，但是因为与建筑活动没有什么直接关系，大多数人被很多抽象的社会学概念和名词迷惑了，尤其是在我国语境中，这些概念和词汇已经获得了一定的特殊含义，再加上意大利人语言表达和用词与我们习惯不同，建筑界人士被这些词汇震慑住了，以至于一些理论家封他为大神，从而使他变得更加神秘。至于神谕，那当然不是我等凡人所能够窥视和知晓的。塔夫里教授提出的这些理论是需要介绍给一些专业人员的。

塔夫里教授最让我们中国人感到困惑的地方其实有两个：一是他用“意识形态”这个概念来说明自己的批评方法和切入角度。他的文章和书籍中出现的那些建筑师和建筑物并不是我们通常理解的建筑师和建筑物，塔夫里教授对建筑专业方面的技巧和艺术风格之类的问题不感兴趣，他真正关心的是建筑师在社会发展中所扮演的角色以及建筑作品所体现出来的意识形态上的意义。二是他的马克思主义建筑理论家的那顶帽子，让不少国人自然地产生好感和认同，自动地把自己对马克思的理解和联想加在塔夫里教授本人和他的理论上。但是，这些都是有问题的。

那么，塔夫里教授所说的意识形态和他所宣称的马克思主义又是什么呢？他并没有给出这两个概念的明确定义，这就造成了很多人在介绍塔夫里教授的时候，对这两个概念有各种解释和不同程度的滥用。由于我们国家对马克思主义的定位，以及对意识形态方面工作的重视，我们形成的自己特定的马克思主义和意识形态的主流话语的含义，很容易让人望文生义地把塔夫里教授使用的概念等同于我们知道的与之对应的那些概念。

塔夫里教授生于1935年，于1994年去世。意大利版《建筑与乌托邦》完成的时间是1973年，它的雏形完成于1969年，而在此之前的1968年，他完成了《建筑学的理论和历史》那本影响力巨大的著作。用塔夫里教授自己的话说，《建筑与乌托邦》是把《建筑学的理论和历史》一书中的某些想法做了极端引申而形成的成果，《建筑学的理论和历史》一书是《建筑与乌托邦》这本书的理论思想基础。二者都是针对20世纪60年代末和70年代初的现代主义建筑的发展现状而进行的反思。所以，在对《建筑与乌托邦》这本书进行解读的时候，我们有必要对以下四个方面在20世纪六七十年代的实际发展情况进行概括性的了解,作为理解这两本书的背景，只有这样，我们才能不脱离具体的环境来审视《建筑与乌托邦》这本书的结论。

四个相关背景包括：① 当时的建筑历史发展状况；② 意大利共产党与当时的社会状况；③ 马克思主义理论在当时西方的发展状况；④ 意识形态批判理论在当时的发展状况。

（一）当时的建筑历史发展状况

现代建筑在这里不完全是一个时间或者地域上的概念，而是在一定的思想影响下所进行的有意识的实践的结果。它诞生于第一次世界大战结束之后的欧洲，当时呈现出来的景象是百花齐放、百家争鸣，有激进的主张，也有温和的人文主义探索。所谓的激进是与当时全球出现的左倾极端思想是一致的，不同的是，建筑界的左倾是希望通过建筑手段来解决社会问题。所以，勒·柯布西耶（Le Corbusier）在《走向新建筑》一书最后的一章提出“要么建筑，要么革命”的命题，并且得出的结论是：革命是可以避免的。这样的说法不是偶然的。也就是说，在一大批知识分子看来，建筑是可以用来解决一切社会问题的，从而避免代价巨大的社会革命。这个基本思想在后来的一群前卫建筑师和理论家的鼓吹下，外加他们的包装和营销的成功，成为一股不可阻挡的势力。

第二次世界大战爆发前，大批的知识分子为了躲避战乱，先后逃到美国，吉迪恩在哈佛的讲座《空间·时间·建筑：一个新传统的成长》的举办，外加《国际式风格》的新建筑展览，一下子把某种本来偶然出现的、特定的建筑样式固化为正统，并赋予它道德和时代精神的意义，而那些延续了地方传统、人文历史的探索，则被视为陈腐的东西，受到排斥。这类思想当时在欧洲被两次大战毁坏的地区如何重建的时候，或者在美国以及殖民地的建设中，问题并不突出，它们的问题到四五十年之后才被看清。但是在意大利，尤其是罗马，这样充满历史古迹的地方，城市规划和建筑设计必须时刻面对如何处理与历史遗产的关系。因此，现代主义正统思想的盲区和短视被早早地暴露出来。外加战后重建工作带动的经济发展趋于饱和、殖民地资源的断供、石油危机的出现、东西方冷战对立的加剧，让这些欧美的民众产生各种焦虑和困惑,反映在建筑创作上的思潮也是彷徨和怀疑。外加所谓国际式风格到这时已经流行三四十年，审美疲劳是无法避免的，建筑师和全社会都期待能够有所突破。

塔夫里教授对于现代建筑的批判也正是这股思潮中的一种声音，其他理论家对现代建筑的反思多数是从建筑专业方面入手，如《向拉斯维加斯学习》所代表的思想倾向。但是,塔夫里教授的批判则是从社会学角度入手，他论述了现代建筑是根本不能解决社会问题的。至于建筑的具体样式和形态则不是塔夫里所关心的。而建筑师这时所关心的形式和方法的探索都被塔夫里教授划归“操作性的”东西而予以贬低，这也是所谓的意识形态批判脱离实际的缺陷：自始至终都在准备解决社会问题，而建筑和城市的具体问题不过是过于局限在技术和美学领域，是社会发展和整个人类社会进步的产物，只能被动地接受资本的左右，而不可能反过来左右资本和社会生产。

至于解决办法，塔夫里教授没有给出答案。他的结论是：城市现存的所有建筑物构成了城市肌理，它类似于精神病院那样的一个庞大机制，个人建筑师类似于精神病院里的病人，偶尔的放风那点自由度根本不足以改变整个精神病院的这个体制。正如不可能有基于阶级的政治经济体系，我们也不可能期待出现一个基于阶级的建筑艺术。我们能做的只是对建筑艺术进行基于阶级的分析。这是塔夫里教授意识形态批判的核心观点。但是，分析之后该怎样做，塔夫里教授没有说，因为任何具体操作性的理论探索都不是他所关心的。这也是塔夫里教授的理论或者意识形态批评理论的缺陷。他的结论就是：建筑艺术的任何具体操作性理论都没有意义，唯一有意义的只有研究历史。

现在回头来看，塔夫里教授的分析有一定的意义，能帮助我们看清楚建筑艺术根本不可能成为解决社会问题的工具和途径，但是也仅仅如此而已。意识形态批判对于建筑艺术本身的发展没有任何直接的帮助。这也能够解释为什么所谓的意识形态批判没有在建筑专业领域里引起更多的关注和跟进，塔夫里教授本人也基本上在 20 世纪 70 年代中后期放弃了这方面的研究工作，当初《建筑学的理论和历史》所规划的研究方向，实际上并没有实际展开。塔夫里教授本人则转向了现代建筑的历史和威尼斯传统建筑历史的研究。

（二）意大利共产党与当时的社会状况

意大利共产党正式成立于 1921 年，作为共产国际的一个支部，和中国共产党基本上是同步的。但是，从一开始，意大利共产党主张的路线就是通过议会选举取得政权，在当时的政治活动中，与意大利社会主义党保持一致的行动。而意大利社会主义党早在第一次世界大战之前就已经存在了，它们都服从共产国际的领导。1924 年的时候，葛兰西成为党的领袖，他主张意大利共产党应该成为列宁式的政党，即武装工人阶级夺取政权。1926 年，法西斯政权宣布了该党的非法身份，该党的领袖纷纷流亡海外。最著名的领袖葛兰西被监禁。领导权由陶里亚蒂（Palmiro Togliatti）接手。在第二次世界大战即将结束的 1943 年，意大利共产党重新恢复活动，并且因为斯大林解散了共产国际，意大利共产党重新改名，从原来的意大利共产党人政党改为意大利共产党，参加社会秩序的重建工作。消灭法西斯政权之后，在恢复国家宪法制度方面，共产党发挥了重要作用，虽然在 1948

年第一次全国大选的时候，败给了基督教民主党，但是在后来的选举中，成绩不俗，曾经获得超过34%的议会席位。意大利共产党因为得到苏联的经费支持，所以它全力支持苏联的行动和理论。但是在1958年匈牙利事件之后，意大利共产党与苏联共产党之间出现裂痕。意大利共产党在内部一直存在着多种声音，有的激进，有的温和，但是基本上都能保持互相共处的状态。到了1969年苏联入侵捷克斯洛伐克之后，意大利共产党开始质疑苏联的一些路线和策略，逐渐与苏联正统的列宁政党疏远，并且开始与国内的基督教民主党合作，到了1979年，苏联占领阿富汗之后，意大利共产党与苏联共产党彻底决裂。但是，苏联提供给意大利共产党的经费一直没有断过，直到1984年才终止。随着苏联的解体与东欧国家共产党的解散，意大利共产党于1991年宣布解散，改称左派民主党。

从这个简单介绍中我们看到，塔夫里教授所属的意大利共产党与我们理解的共产党，在根本理念上是完全不同的，一个是在接受现有资本主义体制的框架下，把自己混同于其他一般政党的个别党派，一个是革命的政党。我们不能看见共产党的字眼和名称，就自动地把它与我们国家的共产党混为一谈。意大利很多艺术家和文化界名人在当时都认同意大利共产党，在选举时自认为是共产党员，但是这样的认同与英国很多人认同工党没有什么区别。

（三）马克思主义理论在当时西方的发展状况

马克思主义理论当时在西方并没有很明确的内容，在这里不得不提几个人，一个是考茨基，他曾经同恩格斯一起共事过，并在恩格斯去世后负责出版《资本论》第四卷，甚至可以说，马克思主义从零散的文章变成一套完整的思想理论，考茨基是有过极为重要的贡献的，列宁也曾经赞扬他说，马克思的理论在考茨基那里总是井井有条的，理论体系非常清晰。但是，就是这个考茨基，他也受到列宁的严厉谴责，列宁说他是教条主义。另一个是修正主义者伯恩斯坦， 虽然恩格斯在去世的时候，把马克思的许多手稿都交给伯恩斯坦保存，伯恩斯坦也负责出版了马克思的不少重要著作，但是伯恩斯坦根本不为列宁所接受。随着马克思早期著作的陆续出版，各种新的解读与跨越学科的应用，理论界出现了不同的学派，如布达佩斯派、法兰克福派、法国结构主义派等。这些流派都是利用了马克思手稿非常庞大杂乱的这一事实，抓住马克思著作里的某些观点和言论，结合新的社会现实，来进行引申和解读，同时他们也受到某种社会政治力量的引导，这便是形形色色所谓的西方马克思主义形成的过程，主要的目的是为了否定斯大林时期来自苏联马克思主义理论的正统性。

在塔夫里教授写这两本书的时候，正是阿尔都塞在西方社会如日中天的时候。阿尔都塞的《意识形态与国家意识形态手段》是这个时期的代表作。为了避免当时欧洲社会把苏联斯大林的主张等同于马克思主义，阿尔都塞综合了一大堆文学和哲学的概念，对马克思理论进行解释，出版了《保卫马克思》的文集，但是，这个文集也是多篇文章的拼凑，并不是系统论述，他的这些努力和成就，实际上也仅仅局限于西方教室里和讲台上的讨论，更多的是为谋求一份教职而进行的纯理性的探讨，因此表现为内容比较杂乱，东拉西扯多于深入挖掘，随心所欲地抛出一些不加定义的从别处借来的概念多于严谨的系统论述。

总的概括来说，这段时间里出现的所谓西方马克思主义理论，都是针对经典著作里的某些具体论述和结论，结合战后西方社会发展和思想界的现实状况所进行的学术性探索。塔夫里教授坚持的所谓马克思主义不外乎以阶级立场去看待现代建筑被赋予的乌托邦理想在资本主义社会发展中被否定和被抛弃的现实而已，而他在这个问题上的结论，也不可能超出马克思主义对整个资本主义社会发展进行批判而得出的结论。从这个角度来看，塔夫里教授的批判无论是对社会整体还是对建筑这个行业的发展，意义其实非常有限。唯一能得到的结果便是：最初的现代主义建筑那样的乌托邦思想，在资本主义发展中被戳穿是必然的，从而被证明是破灭的幻想，今后的建筑发展也不可能再有类似于乌托邦那样的远大理想。但这又怎样呢？

（四）意识形态批判理论在当时的发展状况

上面所说的马克思主义立场实际上也是一种意识形态的批判。意识形态这个概念早在 18 世纪末就有法国启蒙运动哲学家开始使用，马克思和恩格斯在《德意志意识形态批判》中也使用了这个概念，并没有给出明确的定义。最新的考证和研究成果表明，这篇文章的完整性和内在逻辑都有问题，所以，塔夫里教授所谓的“从严格意义上的马克思主义意识形态”的说法，更多的是一种夸张的修辞，不是严谨的科学论述。从马克思、恩格斯开始，到韦伯和后来的阿尔都塞，所有的人都在根据自己的理解来使用意识形态这个概念，而且没有一个明确的定义。

概括起来，在塔夫里教授的《建筑与乌托邦》这本书中，只要是一种抽象的理念和认识，无论它是大到对一个未来新世界的憧憬，还是小到对某种艺术手法的坚持，都可以说是一种意识形态，而这里所谓的意识形态批判则是用移动的批判武器来瞄准移动的目标进行批判，使用的标准也是批判者所坚持的立场以及从政治学、社会学等学科借用的一些概念，用抽象的语言来进行价值判断,根本没有一套完整严密的评判标准和理论体系,无法使用像《几何原本》那样的严谨论证,来对被批判的对象进行客观衡量,也因此不可能得出经得起科学检验的结论。概括地讲,意识形态批判因为有其明确的政治立场,因而从一开始就失去了客观性,其结论也就一定只具有有限的、有利于个别党派的现实意义,而无法成为具有普遍意义的结论。

综上所述,塔夫里教授的意识形态批判理论,在宏观上证明了第一代先锋派赋予现代建筑的乌托邦色彩,而因为他做出的这个否定过于笼统,也因为后来诸如伦敦金丝雀码头和鲁尔工业区等具体城市改建项目的成功而说服力降低。至于他的马克思主义建筑理论家的头衔、他的意识形态批判方法,在我们了解到马克思主义的发展历史以及意识形态批判的发展历史之后,我们就会发现,那不过是西方马克思主义巨大思潮中一朵小小的浪花,只能算是一位学术生涯刚刚开始的年轻教授所进行的一点探索而已,他个人职业生涯后期向文艺复兴时期建筑历史方面发展的这个经历和后来整个现代建筑的发展历史就已经证明了这一点。

许多读者觉得塔夫里教授具有某种神秘性,我个人认为其产生的原因还在于他在论述中大量地旁征博引,这也是造成读者被鄙视的那种神秘效果的一个原因。《建筑与乌托邦》原书中有一幅罗西为他画的水彩画《被谋杀的建筑》,塔夫里教授在书中没有澄清这幅画的具体含义。无论怎样解读,塔夫里教授学识之渊博,理论功力之深厚是不容置疑的。

现代建筑从一开始就不是一个历史的总结,而是对未来的设计,是一种乌托邦式的意识形态,在经历过几十年的波动后发展到今天这样的局面,这充分说明,社会的发展和人民生活的真实需求才是优秀建筑作品产生的唯一动力,离开这样的一个前提条件,无论是充满意识形态色彩的宏大乌托邦幻想，还是追求把建筑艺术搞成自成体系的自治区，都是脱离实际的痴人说梦，没有意义，正所谓“两岸猿声啼不住，轻舟已过万重山”。

第一章　理性演变的历险过程：启蒙运动时代关于自然的思想与城市

1. 启蒙运动时期的建筑艺术

对问题要有深刻的理解，并且理清事情的来龙去脉，通过这样的方法来化解焦虑和困惑,这似乎是资产阶级艺术中最基本的伦理要求中的一条。借助某种机制来让这些问题暂时得到化解，或者是通过深刻的思考来让自己的情感得到某种宣泄的渠道,这样的做法并不是资产阶级艺术所需要的。这里有一个词需要说明一下，就是所谓的“资产阶级艺术”。“资产阶级”这个词是一个相对的概念，对于旧贵族来说，它代表了新兴的资本主义广泛的中坚力量，但对于工人阶级来讲，它又是一个对立的群体。黑格尔在哲学著作中提到的“市民社会”的市民，主要是指这个群体。所以，这个“资产阶级”并不是狭隘意义上的资本家，而是更接近于今天的“中产阶级”或者“普通市民”，这一点需要注意。

资产阶级产生这种焦虑和困惑的全部现象的根源，就在于他们可以对未来的命运进行“自由”的思考。这样的自由所引起的各种可能性是我们根本无法回避的，而且是时时需要我们去面对的问题。在这样一种悲剧式的对立中，想让我们自己规避掉那些不断出现的各种惊诧和冲击是完全不可能的。这些惊诧和冲击都来自于我们在大都市的经历。关于大都市，塔夫里教授在《建筑与乌托邦》一书中加以分析，而大都市本身则向我们清楚地刻画出，那里的焦虑和困惑是如何依然“鲜活地存在着”的。蒙克（Munch）的绘画作品《声嘶力竭》（*Scream*）已经表达出一座桥梁的不可或缺性。一个处于绝对“空虚”状态下的个人，他只能借用一个被压缩到最低的单音节来表达自己这样的空虚，而集体行为在整体上呈现的是被动状态，它们二者之间必须有一个桥梁来连接彼此。

大都市就是这样一个绝对让人感到彼此疏远与隔绝的地方，而历史上的先锋派把对大都市的研究作为自己关注的焦点，绝对不是偶然的。

为了让意识形态能够继续发挥作用，为了使自己继续保持住马克斯·韦伯（Max Weber）所说的“强烈的客观性”，从资本主义体系感受到有必要表达出自己的焦虑那一刻起,意识形态就开始扮演起一个桥梁的角色，在资产阶级伦理的自身存在与必要性的世界之间搭起一座桥梁。

在意识形态的天国里，意识形态逐渐失去功效。塔夫里在这本书中准备把这个失效过程的几个阶段提纲挈领地做一个概述。

资产阶级知识分子和理论家们，他们肩负着一种责任，这个责任就是必须确保自身的存在价值。他们为自己设定了某种“社会”使命，这种舍我其谁的使命及其重要性决定了他们必须存在的责任。在某些知识分子“先锋派”的成员当中，他们在关于自己的定位问题上，存在着一种心照不宣的共识。这个共识就是：哪怕只是有人试图把这种定位问题拿出来公开讨论一下，并借此暗示对这个问题的轻微质疑，也会遭到排山倒海般的抗议之声。实际上，文化已经把自己的作用定义为一个用意识形态的说教方式来进行调停的角色。在这里，我们姑且先不去讨论他们每个人的初衷是多么美好，单说其中言辞的机敏和巧妙，就已经让他们的成果变成某种形式的辩论和抗议的对象。在表现形式方面，冲突的双方被升华的层次越高，那么升华后的结论中所包含的文化与社会的各种构建就消失得越彻底。

从这个立场出发，对建筑艺术中所承载的意识形态主题展开批判，这实际上就意味着，我们试图对一些现象进行解释：为什么在今天，在试图对资本主义制度下的建筑业进行重整改造的时候，一个看上去很完备的改造方案，到头来却是一个令人颜面尽失的挫败？为什么在今天，这些方案仍然被看作仅仅是没有任何阶级立场的、单纯客观的技术提案，即不过是一些备用的“替代方案”而已，甚至把它仅仅看成发生在知识分子理论家与资本家之间的观点冲突而已？

塔夫里在这里表示，他必须明确地说明，最近出现的各种关于建筑艺术的新思想和新主张，都不约而同地要对现代运动历史中的那些先锋派的早期历史进行深入的研究，而且他相信，这样做绝对不是偶然的。回顾当时的历史时代，那是一个资产阶级意识形态与知识分子的期盼紧密结合在一起的年代，现代建筑艺术的全部过程可以被看作是一个完整统一的发展过程。在这样的前提下，从全球范围来考察建筑艺术中意识形态的形成过程才能成为可能，具体地说，就是可以考察一下这种意识形态针对城市的发展所引发出的具体含义。

但是，我们也必须认识到，资产阶级文化所经历的全部过程具有完整单一的特征。换句话说，我们必须记住一点，在后续的讨论中时刻关注资本主义发展过程的全貌是非常必要的。

系统而又全面地研究启蒙运动时期的建筑艺术，使得我们能够从单纯的意识形态层面上来识别和发现许许多多的矛盾，它们数量大、种类多，存在于当代艺术发展全过程的不同形态之中。这一点，意义非常重大。

建筑师以社会意识形态的一个代言人身份出现在世人面前；把对具体区域进行个性化设计作为对城市规划干预的手段；在公众面前扮演了一个宣传教育和劝说的角色，而对于自身的问题和发展则扮演着自我批判的角色；在建筑艺术形式研究和探索层面，建筑艺术的“形体造型”与城市肌理组织之间既相互关联又相互对立：以上这一切都是发生在建筑艺术身上的“启蒙思想的辩证法”（亦即事物内在矛盾）反复出现的主题。

2. 洛吉耶神父的城市设计理论

1753 年，洛吉耶（M. A. Laugier）神父发表了自己的城市设计理论，这应该算是启蒙运动时期建筑艺术理论的正式起点。他的理论具有两点启发：一方面，它把城市本身简化为自然界里的一种现象；另一方面，它超越了城市肌理组织自身规律这个前提条件，从美术构图的角度出发，强行地给城市加进了美学形式这一元素。洛吉耶神父是这样说的：

> 无论什么人，只要他懂得如何把一个公园设计好，那么在一个给定的范围和条件下，他会毫不费力地绘制出一座城市的平面总图。其中必须有广场、十字路口，以及大大小小的街道。这个总图中既要有规范化的东西，又要有富于想象力的内容，既讲究相互间的呼应关系，又注重彼此的对比，城市视觉效果也一定要有一些随意的成分，一定要有些能够给人带来意外惊喜的成分，用这些随意、惊喜的元素来点缀城市，让它呈现出对称的景观效果；一个城市，它在细节上具有严格的秩序，但在整体上，要有某种混乱的感觉，某

种吵吵闹闹，甚至要有些动荡不安的效果。[1]

对于18世纪城市在形式方面的认识，洛吉耶神父的这些话简直可以说是入木三分。城市再也不追求什么宏大的秩序和构图，而是接受了一种在城市空间中打破透视景深效果的做法。他把城市比作公园，这样的思想具有一种全新的意义：大自然的千变万化，现在被当作城市整体结构的组成部分。大自然作为人们温馨感受的修辞学意义上的比喻，以及崇尚自然的某种说教，是从17世纪到18世纪中期这段时间里，巴洛克城市规划布局的最重要特征。但是现在，洛吉耶神父把它们全都清扫干净。

因此，洛吉耶神父提倡的崇尚自然的城市规划思想，是在环境规划设计创作领域中呼吁一种原创的纯粹性，同时也向我们展示出他的一种认识：在城市的特性中，存在着一种强烈的非有机性质。实际上，洛吉耶神父的

---

[1] 洛吉耶，《建筑艺术之我见》（*Observations sur l'Architecture*），1765年海牙版本，第312至313页。但是请注意，这段引文在洛吉耶早先的一篇论文《关于建筑艺术的论文》（*Essai sur l'Architecture*）中也曾经出现过，该论文于1753年在巴黎发表（第258至265页）。关于洛吉耶的生平，参见赫尔曼（W. Herrmann）的《洛吉耶和18世纪法国的理论》（*Laugier and Eighteenth Century French Theory*），1962年伦敦兹维默出版社出版发行。把洛吉耶的城市设计理论同格温（Gwynn）与小丹斯（George Dance Jr.）两人为伦敦所做的规划设计进行一下比较是非常有意思的。关于这一点，参见《伦敦和威斯敏斯特区域的改进设计》暨《论纪念性大型公共建筑》（*London and Westminster Improved, with the Discourse on the Public Magnificence*），1766年伦敦出版；胡戈-布伦特（M. Hugo-Brunt），《城市规划师小乔治·丹斯（1768—1814年）》（*George Dance the Younger as Town-Planner*（1768 -1814）），《建筑历史学家学会会刊》（*Journal of the Society of Architectural Historians*），第十四卷，1955年，第4期（其中有很多不准确的地方）；斯特鲁德（D. Stroud），《建筑师乔治·丹斯，1714—1825年》，（*George Dance Architect*, 1714 - 1825）伦敦菲伯和菲伯出版社出版（Faber & Faber, London），1971年。关于这个话题，最好的材料是泰索特（G. Teyssot）撰写的一本书，《英国启蒙运动时期的城市和乌托邦空想：小乔治·丹斯》（*Città e utopia nell'illuminismo inglese: George Dance il giovanne*），罗马出版工作坊发行（Officina Edizioni, Rome），1974年。

话所透露的信息还不止这些。他把城市归结为自然界的一种现象，实际上是针对设计中绘画构图的美学观念而言的，而绘画构图的美学观念又是英国经验主义的产物，它诞生于18世纪最初的十年间。等到了1759年的时候，英国的一位画家亚历山大·科曾斯（Alexander Cozens）从理论上提出了一套与之相呼应的庞大且完整的关于绘画构图的美学体系，来专门论述这种美学观念。

至于洛吉耶神父的理论在多大程度上影响了科曾斯的风景画创作，在多大程度上影响了罗伯特·卡斯特尔（Robert Castell）《古代的别墅》（*The Villas of the Ancients*）一书的写作，我们还不得而知。但是，我们明确知道的是，在这位法国修道院神父的发明和英国画家的美学理论之间，存在着一个为两者共同采用的方法，即他们对来自“自然的”现实进行批判和干预的时候，他们所采用的工具就是对“自然”进行取舍和甄别。[1]

我们看到，对于18世纪的理论家来说，城市设计和美术绘画是一样的，同属于形式美学方面的创作。因此，主动选择性和批判性就意味着在城市

---

[1] 亚历山大·科曾斯，《帮助你掌握具有原创精神的景观设计构图的新方法》（*A New Method of Assisting the Invention Drawing Original Compositions of Landscape*），伦敦，1786年。在书的开头，科曾斯引用了蒲柏（Pope）的一段话：“规则是被人们发现的，而不是创造出来的。这些规则仍然是大自然本身，但是已经是经过提炼过的大自然。大自然如同一位君主，但是它是受到约束的君主，而约束这位君主的法律正是君主自己颁布的。”请注意作者引述这段话背后的用意。参见阿尔甘（G. C. Argan），《从雷诺兹到康斯太布尔，英国启蒙时期的绘画艺术》（*La pittura dell'Illuminismo in Inghilterra da Reynolds a Constable*），罗马Bulzoni出版社，1965年，第153页。大自然现在是道德和学术行为的主体，也是对象。人们赋予大自然的那些世俗价值观念现在取代了传统的各种权威原则，这些旧的原则已经被理性主义和感官体验所打破。参见卡斯特尔的《古代的别墅》（*The Villas of the Ancients*），伦敦，1728年。钱伯斯（Chambers）的《论中国建筑、家具、服饰、机械和器皿设计》（*Designs of Chinese Buildings, Furniture, Dresses, Machines and Utensils*），伦敦，1757年。

规划的实践中引进许多零散的片段，这些局部的片段被拿来与城市设计相提并论，不仅仅在自然与理性（Nature and Reason）层面上（即抽象的意义上）如此，而且在自然界的现实中的片断和城市中的片断的层面上也是如此。

城市作为一种人为建造的实体，它要适应自然的条件。因此，城市设计就如同艺术家在画布上画出来的风景画一样，需要用批判的眼光进行取舍，城市也因此被打上了社会道德判断的烙印。

值得我们大家注意的一点是，尽管洛吉耶神父和那些英国启蒙运动时期的理论家们敏锐地抓住了城市语言中人工建造的这一特征，但是，勒杜（Ledoux）和部雷（Boullee）在各自极具非凡创造力和想象力的建筑作品中，从来没有放弃过对自然的那种神秘而又抽象的追求。法国建筑理论家佩罗（Perrault）明确主张并期待着建筑艺术语言的人工特征，而部雷的做法所表现出来的与佩罗的分歧就特别具有指标意义。[1]

洛吉耶神父把城市当作一片树林的设想，很可能和帕特（Patte）当年所绘制完成的大巴黎规划总图类似，但是现在还无法确定。帕特绘制的巴黎总图包含了一系列分布在城市各处的广场，他是为了设计一个全新的皇家广场才把整个城市的广场作为一个整体来通盘规划的。但是，可以肯定

---

[1] 关于佩罗的理论，主要是他在《维特鲁威的建筑十书及其他》（*Les dix Livres d'Architecture de Vitruve etc*）一书中提出的一些见解，该书 1673 年在巴黎出版。参见塔夫里的论文《人造建筑的艺术：佩罗、雷恩，以及关于建筑艺术语言的辩论》（*Architectura Artificialis: Claude Perrault, Sir Christopher Wren e il dibattito sul linguaggio architettonico*），关于巴洛克艺术的国际代表大会决议（*Atti del Congresso Internazionale sul Barocco*），意大利莱切，1971 年，第 375 至 398 页。关于佩罗和部雷之间的争议，参见罗西瑙（H. Rosenau）的专著《部雷关于建筑艺术的规则》（*Boullée's Treatise on Architecture*），伦敦，1963 年（其中的注释和评论）。

的是，小乔治·丹斯自己在绘制伦敦规划总图的时候，他是肯定听说了这些设计概念的。而伦敦的总体规划在18世纪的欧洲无疑是最为先进的设计。因此，塔夫里会把自己的关注点限制在洛吉耶神父的讲话所包含的那些凭直觉而发的设计理论范围内。当我们看到勒·柯布西耶在论述自己规划“光明城市”（Ville Radieuse）所依据的基本原理也是同样的理论的时候，我们会更加明白洛吉耶神父的那段话是具有很强的理论意义，是有直接的相关性的。

3. 自然与城市的思想理论

在意识形态的层面上，把城市简化成一种自然现象，这样的思想有什么意义呢？

从一个方面来看，这样的概括其实是对重农主义理论（physiocratic theories）的一种提高和升华：城市不再是从前的那种结构体系，通过不断的经验积累而形成的某种机制，决定并且转变了对土地和农业生产的盘剥及利用过程。只要这种简化过程属于“自然的”，又具有普遍适用性，就与历史的发展没有什么关系，这样城市也就不再需要对其进行完整结构性的思考。最初，追求形式的自然主义理论被工业革命之前的资产阶级搬出来，用以说服人们让其相信，那是前进发展过程中客观必要的。稍后一点，自然主义理论又被抬出来，用以对已经取得的成果加以强化和保护，反对后人对它们的结果加以任何改变。

从另一个方面来看，这种所谓的自然主义理论又有它自己的作用，即让每一项创作设计活动都获得了一种严格意义上的意识形态代言人的身份。其重要意义在于，就在资产阶级主导的经济体制开始形成自己一整套的行为准则和衡量标准的那一刻，强行把自己的“价值体系内容”直接与新生的生产方式和交换方式相衔接。而旧价值体系因此产生的危机则立刻被掩盖住了，其手段就是求助于一种全新的认识升华，借助于使人联想到自然，那个大写的 Nature，指人们在思想意识中形成的抽象的大自然，不是客观存在的、具体的自然世界。这种抽象的普遍适用的手段，把人们有意识打造的全新价值观体系装扮成一种客观的存在。

因此，理性和自然现在不得不走到一起。源自启蒙运动的理性主义根本无法独自肩负起目前的全部责任，鼓吹理性主义的人现在感觉到，很有必要找到一种方法，来避免与自己预设的前提条件发生直接的冲突。

很明显，在整个 18 世纪和 19 世纪初期这段时间里，由于旧制度中存在的各种矛盾，此类意识形态外衣得以出现。刚刚兴起的城市资本主义已经在经济结构方面，与前资本主义时期对土地资源进行盘剥的运作方式发生直接的冲突。城市规划的理论家们并没有及时地揭示出这一矛盾，反而对此加以掩盖。往好处说，这些理论家试图把城市的地位降级，把它归类于大自然的一部分，希望通过这样的做法来试着化解矛盾。理论家的着眼点是放在城市的大构架那些方面。

都市中的自然要素和美学，就是把绘画构图的美学观念嵌入城市设计和建筑艺术创作里，也就是说，意识形态在艺术创作中，赋予了自然景观元素以更大的重要性，也就是要否定现实中城市与乡村之间的差别和对立。这样做的目的就是希望借此证明，赋予大自然的价值与赋予城市的价值其实是没有什么很大的差别的。城市作为在新经济积累中的新型生产机制，其性质就这样被否定了。

17 世纪所追求的自然属于一种文学修辞上的自然和田园风光式的自

然，而那样的自然，现在则被一种具有更广泛影响力的自然美学所替代。

然而，这里必须重点强调的是，对启蒙时期的城市理论进行有意识的抽象化，这种做法的目的首先是要摧毁从前巴洛克时期城市规划设计和城市建设中所采取的那一系列做法和实践。其次，这种理论不但不去培养适用于全球资本主义经济发展的城市新模式，反而阻碍了这样一种模式的出现。比如，1755 年大地震之后的里斯本，当它在进行大规模重建的时候，在庞巴尔侯爵（Marquis di Pombal）的统一指挥下，那些巨大的工程和前卫的操作方式，呈现出来的却完全是基于过去的传统经验模式，缺乏任何理论方面的提升和抽象概括。对此，我们也不会有任何惊讶的感觉。[1]

4. 建筑艺术的自我局限

18 世纪和 19 世纪的建筑艺术，从整体上来说，完全背离了启蒙时期的批判理论，它基本上扮演了一个破坏者的角色。这时的建筑艺术还没有掌握成熟的技术手段以适应资产阶级的意识形态和经济自由化所带来的新情况，只能把自我批判局限在两个区域内进行。

第一个是，建筑艺术出于不同的观念和立场，采取针锋相对的态度和各种手段，来鼓励反对欧洲传统文化的任何东西。在皮拉内西（Piranesi）的作品中，那些刻画的局部和片断都是新生资产阶级在科学、历史、批评等理论的影响下所产生的直接成果，但是，具有讽刺意味的是，这样的结果也是对批评理论的批判（criticism of criticism）。当时流行的建筑艺术风

[1] 参见弗兰卡（J.-A. Franca），《一座光明的城市：庞巴尔侯爵的里斯本》（*Une ville de lumières: la Lisbonne de Pombal*），巴黎 C.N.R.F. 出版社出版，1965 年。

气是猎奇，如哥特风格、中国风格、印度风格的建筑艺术等，都是充满浪漫色彩的园林设计所追求和模仿自然的效果，所有的人都很虔诚地追求着异国情调的亭子之类的东西和建造一些虚假的废墟。这些做法在理念上都是和当时的大环境相呼应的，孟德斯鸠（Montesquieu）的《波斯人信札》（*Lettres persanes*）、伏尔泰（Voltaire）的《老实人》（*Ingénu*）、莱布尼兹（Leibniz）的《坚决反对西方思想》（*Caustic antioccidentalism*）等著作，它们所宣扬的正是这种声音。为了让理性主义与批判理论结合起来，全欧洲的人们都站出来反抗自己过去的盲从和迷信，采用一切可以用来支持自己观点的言论和事件作为武器，来证明自己现在的追求是具有正当性的。在充满浪漫气息的英国传统园林景观设计中，过去经过历史检验的成功手法，如讲究精神层次的透视效果之类的手法，这时开始被废弃。陆陆续续地出现了一些神庙、亭子、神话灵异类的怪兽雕塑，传统的花园这时成了人类历史文化在进行一场绝望的争奇斗艳的地方。出现这样的情况，除了说明我们失去了过去精美的园林之外,实际上还说明了更重要的一个问题。相比之下，布朗（Brown）、肯特（Kent）以及伍兹（Woods），甚至包括人称“吓人的”勒克（Lequeu）等人提倡的绘画构图式原则（picturesque）在这时已经展现出巨大的吸引力。他们采用的手法是，首先放弃把建筑艺术作为“实体造型”来看待，让建筑艺术成为一种组织技巧，对参与表演的各种材料加以组织。这些艺术家和设计师所采用的衡量评判准则完全来自于建筑艺术之外。启蒙运动时期的伟大批评家都是站在远离实践的高度来对社会提出批判的。这时的建筑师们也和启蒙运动中的批评家一样，提出一些脱离实际的理论体系，开始对建筑艺术和一切建筑传统有系统地进行着如同法医验尸一样的检验工作。

第二，尽管建筑在造型艺术方面的角色已经被确定在城市配角插曲的位置，成为城市本身的附属品，但是，建筑造型仍然不同于那些充满虚无主义思想的艺术家们不着边际的想象，如勒克、勃朗杰或者皮拉内西等人的作品那样，因此，为城市提供了一些不同的选择方案。由于这时的建筑艺术已经抛弃了所有的象征意义，至少是不再具有传统意义上的那些象征性——为了让自己不至于自取灭亡——它们找到了属于自己的科学方向。一方面，建筑艺术可以成为达到社会平衡的一种工具，而在这种情况下，它将不得不去面对建筑的类型问题。这都是迪朗（Durand）和迪布（Dubut）曾经面对的问题。在另一方面，建筑艺术可以成为激动人心、调动人们情感的科学。这是勒杜所走过的道路，而比勒杜更为讲究系统性和方法论的人物是加缪·德·梅齐埃（Camus de Mezieres）。因此，这时的选择有两种，一种是按照不同建造方式和类型研究建筑艺术的形式，另一种就是把建筑艺术当作抒发热情的狂想（architecture parlante）。这两种追求在皮拉内西的作品中达到了最强烈的对比效果。但是，这两个方向的探索并没有找出一个解决方案，而是更进一步强调了贯穿于整个 19 世纪建筑艺术的内在危机。

5. 建筑艺术的象征意义

建筑艺术在这时已经把自己的任务变成了一项“政治”工作。建筑师作为一名政治理念的代言人，他这时的任务就自然变成了要持续不断地发明更好的解决政治问题的办法，而且又必须是在最具有普遍意义的层面上能够得到运用。建筑师在接受了这样一个任务之后，自己的理想主义者的角色也就变得更为突出和显著。

现代历史研究成果已经确认过，启蒙运动时期的建筑艺术，或者说具有启蒙精神的建筑艺术，都充满了乌托邦式的理想，它的真实意义，现在看来，就赤裸裸地暴露在我们面前。真实的情况是，在 18 世纪的欧洲，当时的任何建筑艺术之构想，都是非常实际的，没有一个是根本无法实现的幻想，而且那个时期为数众多的建筑艺术都被哲学理论化，而这些建筑艺术哲学都根本不包含任何单纯从建筑形式层面来达到城市改造目的的社会乌托邦式的理想。这一点绝不是偶然的。

实际上，在卡特勒梅尔 · 德 · 坎西（Quatremère de Quincy）撰写的《方法论之百科全书》（*Encyclopedie Methodique*）中，作者介绍“建筑艺术”一条的时候，虽然他的说法和用词十分抽象和扼要，但却是一个地地道道的现实主义杰作：

> 艺术是为了人类的愉悦和需要而出现的产物，为了承受和克服生活中的痛苦，为了把自己的记忆传给下一代，我们同各类艺术结成了伙伴关系。在所有的艺术当中，谁都无法否认，建筑艺术具有最为突出的地位。仅仅从它的实用性这一点来看，建筑艺术就是其他任何艺术形式所无法比拟的。建筑艺术给城市带来荣耀，守护着人们的安全，保卫着我们的土地和财富。建筑艺术的功能就是为市民的日常生活提供安全保障，提供信心和良好的秩序。[1]

启蒙运动时期的现实主义思想，事实上并不为诸如部雷的那种充满幻想又夸张的建筑艺术所排斥，美术学院里的那些作品也不反对这样的理想。

[1] 卡特勒梅尔 · 德 · 坎西，《方法论之百科全书》（*Encyclopedie Methodique*）中关于“建筑艺术”的条目。

他们的建筑设计作品可能看起来尺度大得惊人，几何形状极其单纯，装饰也追求原始古朴，这是这些设计作品中的一个共同特征。但是当我们从这些设计作品的实际意图方面来考察这些设计时会发现，它们都是具有很具体意义的：这些并不仅仅是无法实现的梦想，更多的是建筑艺术创造实践中对于新模型的尝试。

6. 皮拉内西的建筑艺术主张

勒杜或者勒克的设计充满了象征意义的夸张形式，而迪朗的设计总是无声无息地把纯粹几何形组合成规范化的建筑类型，启蒙运动时期之后的建筑艺术，其发展过程与它新近获得的承载意识形态的角色是相吻合的。建筑艺术为了成为资产阶级城市的组成部分，就必须改变自己的身份，放下身段，在建筑形式上融入事先设定好的形式系统里面去，穿上统一的制服。

但是，这样的一种失去自我个性的改变并不是没有留下后遗症。皮拉内西把早先的洛吉耶神父凭直觉所阐述的理论引向了极端的结论。皮拉内西绘制过战神广场（Campo Marzio）总图。战神广场是古罗马城的一个区域，是古罗马帝国时期围绕在战神广场那一带，后成为行政第四区的一个地方。他的这幅画是一件里程碑式的宏大作品，其绘图技巧精湛绝伦。他在这件作品中表现了一种意义模糊、可以具有多种解释的尝试，表明了巴洛克晚期向一种革命的意识形态转变的趋势。他在自己的理论著作《论建筑艺术》（*Parere su l'Architettura*）中对这种转变进行了最生动的描述。[1]

[1] 参见皮拉内西的《古罗马时期的战神广场及其他》（*Il Campo Marzio dell'antica Roma etc*），罗马，1761— 1762 年。

在皮拉内西的这张战神广场总图里面，巴洛克晚期崇尚多样和变化的艺术原则已经完全被放弃了。罗马城里的古迹遗址不再仅仅是发思古之幽情的场所，或者是激发革命理想的去处，而是必须加以质疑的迷思神话，凡是从古典建筑艺术演变而来的形式，在这里都不是完整的，都是一些局部的片段。这些片段又都是被变了形的象征，就好比是正处于一种衰败状态中的有机组织所具有的那种“秩序”。

而那些在局部片断中呈现出的秩序不可能创造出一种“和谐一致的整体”；相反，它们都是各自独立的巨大怪物，都是一些毫无意义的硕大形体的堆砌。就像“监狱”（Carceri）系列版画表现的那种从虐待中获得快感一样，皮拉内西这个设计中所表现的“森林”，不仅仅只是由于“理性在沉睡”而使得怪兽们都失去了控制，而且同时它也说明，即便是“理性处于清醒状态”，它也可以导致人们步入旁门左道的变形：哪怕他们当初的动机的确是追求一种超越和崇高。

皮拉内西对于战神广场区域所采取的解读方式，充满了他个人的批判意识和美学兴趣取向，但是，其中也不乏某种先知先觉的韵味。他的这个设计作品中，透露出启蒙运动时期最先进的思想，它恰恰是在通过这样的画作来反复地提醒和告诫人们，丧失建筑形式的有机整体性的危险就在眼前。现在，追求整体性和普遍性的理想正处于危机当中。

建筑艺术可能会尽全力来保持自己的完整性和独立性，试图避免自己完全被摧毁的命运，但是，因为建筑物在城市中所被迫接受的组合规律，使得这样的努力就变得根本没有自己发挥的空间。正是由于城市造就了这样一种外部环境，让那些成为片断和局部的建筑艺术，根本没有机会去察觉自己的悲哀，连一丝都没有，它们很自然地融入城市当中，主动地放弃

由乔瓦尼·巴蒂斯塔·皮拉内西（Giovanni Battista Piranesi）绘制，该图取材于1761年至1762年发行的《古罗马战神广场》（Campo Marzio dell' antica Roma）图册。该局部显示的区域是哈德良陵寝和哈德良陵园（Bustum Hadriani）。

了自己的独立地位，而这样一种局面是不可能借助于对建筑艺术的局部和片断进行创造性的应用、各种充满新意的组合方式、甚至采用全新的构图方法而得到逆转的。在这张战神广场规划总图中，我们亲眼看到了一个宏大的场面，建筑艺术正在那里与自己进行着一个史诗般的较量。不同历史时期发展出来的建筑类型和语言，这时都超越了自身的固有规律，正接受着一种超然力量的支配，被强行地组合在一起，但是，每一种建筑类型的形体又正在摧毁历史上发展出这样形体的建筑语言的基本原则。历史在这里仅仅代表了某种遗产的“价值”，但是，皮拉内西却全然无视建筑艺术自身在历史意义和考古意义上的真实性，他的这种充满矛盾的拒绝态度使得自己绘制的这个广场规划设计总图，在广大民众中间引发对它的怀疑。形式上的发明创新总是在强调自己的重要性，但是过度重复性地使用某个新发明则等于是把城市这个有机体简化成某种规模巨大的但“毫无用途的一部大机器”。

理性主义就这样显露出自己内部所固有的非理性本质。建筑艺术中所谓的“理性”，为了掩饰自己的内在矛盾，便开始对自身的基本原则下手，做出一种“语不惊人死不休”的姿态，随心所欲地进行任意的处理。建筑艺术的某一个片断，可以被随意地放在另一个毫无关联的局部旁边，每一个局部对旁边的其他局部都是冷漠地接受，彼此之间不存在什么呼应关系。所有局部和片断堆积在一起所形成的这个整体，没有任何具体的实用意义，只是在消费造型的定义上进行的一系列所谓的创新。

皮拉内西的战神广场复原图，它所戴着的考古学假面具其实根本欺骗不了任何人：这个设计图不过是一个带有实验性质的原创设计的一次尝试而已，因此，画面上表现的城市实际上根本就是子虚乌有的，没有人知道它的准确位置。这个设计本身也不能产生出一种持久的建筑艺术新类型（柱式）和规则。这样一个巨大的设计作品实际上只是一个东拼西凑的大杂烩，它十分清楚、直白地告诉了我们一个道理，而不需要再另外加以证明：非理性和理性实际上不再是势不两立地互相排斥的，而是互相兼容的。皮拉内西还没能找到一种建筑形式作为自己的工具，来把这样一个充满动态关系的矛盾转化为某个建筑艺术形式。因此，他能做的只是不断地强调，新出现的最大问题就是在各种矛盾冲突之间建立起平衡关系，而城市则是充满了不计其数的矛盾与冲突的地方：只要这个问题不解决，建筑艺术这个概念本身就必然会被破坏掉。

从本质上讲，这是建筑艺术与城市之间的斗争，是一种对秩序的呼唤与拒绝任何形式的意志二者之间的斗争。这样的斗争决定了皮拉内西的战神广场规划总图中所呈现出的那种史诗般的基调。在这里，代表着“启蒙运动时期的辩证矛盾关系”的建筑艺术达到了前所未有的高度；但是同时，它又取得一种理想的紧张对立关系，使得同时代的人很难理解他的这个设计。皮拉内西的夸张——正如当时哲学界那些夸张与不羁的著作一样，尽管夸张有些过分，但是它仍然能够成为披露当时真实情况的一个渠道。但是，启蒙运动时期建筑艺术和城市设计的发展很快就把这种真实情况掩盖了。

揭去掩盖矛盾的面具，这个做法本身或许让行将没落的文化看到一线希望，对于那些没落的文化来讲，皮拉内西创造出一种独特的表现方式[1]，似乎可以通过采用过去陈旧的手段来继续维持。皮拉内西采取了揭露矛盾

---

[1] 皮拉内西，《关于建筑艺术的思考》（*Parere su l'Architettura*），第 2 页。

的做法，这让他取得了杰出的效果。皮拉内西在《关于建筑艺术的思考》（*Parere su l'Architettura*）那本书里所给出的建筑图也是此类东拼西凑的形式语言大杂烩（书中的那些插图都把这些矛盾加以吸收，并对形式重新加以组合，让最终的结果看上去倒还是很温和），他的这个规划总图设计与这本书的相似度没有与他的两版《监狱》铜版画的相似度那样高。

皮拉内西在自己的版画《想象中的监狱》（*Carceri d'Invenzione*）中，尤其是在该组画 1760 年的第二版里面，向我们展示他在战神广场规划总图中表现出来的“缺失”所引发的后果。在这一监狱系列铜版画中，将秩序、形式、古典主义氛围（Stimmung）等概念统统推翻，开始充当起一个具有 “社会意义”的角色。在这里，空间的概念被完全摧毁，同时又添加了一份象征意义的隐喻，暗示了激烈变革的社会将带给我们的新处境。皮拉内西的“罗马精神”（Romanity）总是如影随形，让人联想起与之对应的“欧洲精神”。在这些铜版画中，建筑空间，也就是那些监狱，都是一些看不到边界的空间。被艺术创作手法毁掉的恰恰是作为中心内容的空间，这象征了一种对应关系，即古代艺术的价值观念和秩序的坍塌，与眼下的混乱无秩序获得“彻底”统治地位二者之间的对应关系。造成这种破坏的元凶就是所谓的理性——这种破坏在皮拉内西看来是致命的——而理性因此转化成为非理性。但是，正因为监狱的空间在这里变成了没有任何边界，它恰好又与我们人类的生存空间成为同一类东西。这一点在皮拉内西铜版画中表现得非常清楚，那些密密麻麻的线条所表现的空间看上去很封闭、很压抑，同时又没有边界，他的创作表现出一种“根本不可能的”空间组合。因此，我们在《监狱》组画所看到的，不过是出现的一种情形，是我们人类作为一个整体所处的生存状况。它说明，一方面我们是自由的，同时另一方面，又因为各自不同的原因被打入万劫不复的死牢。皮拉内西这些版画所描绘的景象，并不是针对启蒙运动带给人类社会许多的承诺而提出来的反对和批判意见，而是非常英明地向我们提出警告：一个社会如果摆脱了古代传统的价值观以及与这些价值观所对应的制度机制与制约，那么，全社会的局面只能是版画中所描绘的那个样子。

到目前为止，除了以集合的形式，全面地、主动地进行标新立异之外，没有其他任何的选择和可能性。残酷的压抑就是最新的法律，任何对它的质疑都是荒谬的。任何试图抵抗这个法律的尝试，能够得到的必定是酷刑的惩罚。注意看一下，在《监狱》组画中的第二幅里面，就插入一个使用酷刑的场面。最具有明显象征意义的是，那个被施以酷刑的人物是一个超级巨人的形象，而他周围站着无数个没有任何具体明显特征的平民大众。在一个彻底隔绝的社会里，16、17 世纪里的放荡不羁不再是一种逃避。版画中的那位“英雄人物”正在遭受世人表现出的无动于衷的诅咒。[1]

正是因为有了皮拉内西的作品，我们才第一次有机会看到，现代意义上的苦闷和压抑是如何被表现出来的。在《监狱》这组版画中，我们感受到了那种苦闷和压抑，那是一种由于每个个人都不再具有自己独特的个性、周围的一切也不再发声而产生出的苦闷。

还有一点也相当明显，那就是当皮拉内西版画中的内容都失去了各自

---

[1] 洛佩斯 - 雷伊（J. Lopez-Rey）已经注意到一个细节，在《监狱》组画中，皮拉内西在构图中使用人物的目的，更多的是为了表现那些刑具是如何操作和使用的，而不是为了表现那些刑具带给人们的恐惧感。也是同一位作者注意到皮拉内西的作品与戈雅（Goya）作品的不同之处。参见洛佩斯 - 雷伊的论文《皮拉内西的监狱，戈雅的囚犯》（*Las Cárceles de Piranesi, los prisoneros de Goya*）。该论文发表于《纪念廖内洛 · 文杜里艺术历史论文集》（*Scritti di Storia dell'Arte in onore di Lionello Venturi*），罗马德鲁卡出版社（De Luca），1956 年，第二卷，第 111 至 116 页。

声音的时候，对于皮拉内西来说，这恰好与招牌符号一类的表现形式是一致的。皮拉内西于 1741 年完成的《监狱》组画中的四幅，那里面的洛可可风格的细节被覆盖掉了，而在那之后，他创作的画作内容与形式就都被简化成为空洞的符号，没了具体的内容。他在设计罗马隐修院圣母玛丽亚教堂（Santa Maria del Priorato）的大祭坛的时候采用了一个圆形球体，这个球体最能充分证明这一点。

然而，由空洞符号构成的世界只能是彻底失去秩序的地方。我们面前剩下的唯一途径就是像皮拉内西在自己创作中表现出来的那样，把困惑中的期待与渴望当作艺术创作的新原则。皮拉内西作品中那些负面的东西，在后来的启蒙运动时期建筑艺术实践中将会反复地出现，就好像是罹患了一种自责综合征，隔一段时间就会毫无征兆地突然发作一次。

7. 米利奇亚的城市设想

18 世纪的城市形象代表了一个国家的整体经济发展水平，但是，城乡之间的结构性关系要到很久以后才发生革命性的改变。城市中所固有的模糊特性以及杂乱性的特点，在很大程度上又是 18 世纪里城市规划中最主要的特征。我们从过去的伍兹、帕尔默（Palmer）、亚当斯（the Adams）兄弟、小乔治・丹斯、卡尔・路德维希・恩格尔（Karl Ludwig Engel）或者朗方（L'Enfant）等人的城市规划设计中，很难看到他们当中任何人是在有意识地采用任何类似于皮拉内西的做法，在城市设计中把形式元素破坏掉。

然而，洛吉耶神父把建筑的局部和片段引进到城市规划中来的做法，其中所携带的意识形态内容，在米利奇亚（F. Milizia）的折中理论中被再次提出，而他采用的说法几乎是直接引述洛吉耶神父的原话：

> 一座城市就好比是一片森林，因此，一个城市的布局就好比是一座大型公园的布局。里面必须要包括广场，有纵横交叉的主干道，有许多笔直宽阔的马路和街道。但是，光有这些还不够，城市的规划和布局必须要有品味，要充满活力，让人们在精神方面得到满足，因此，一座城市必须要具备两个要素，即秩序和想象力，比例关系和谐圆满的同时又要有所变化：这里的道路呈星形布局，那里的道路呈手掌形状，某个地方的道路布局如同鲱鱼的鱼骨，另一个地方看上去犹如扇形，过后又转为平行道路，当三条道路或四条道路交会到一处的时候就形成了一系列的公共广场，而广场的大小、形状、装饰效果各不相同。[1]

米利奇亚在后来提出城市设想的时候，他的描述充满了感性和文化积淀，这一点十分明显，没有人会感受不到：

> 一个不懂得如何通过多种方式来获得快乐体验的人，是根本不懂如何带给我们任何快乐的。一座城市事实上应该是一幅不断变化的图画，在它的变化中，在不同的时刻，我们可以经历无数种意想不到的效果，它在所有的细节部分都是井然有序的，但是在整体上则有点令人迷惑，有一种喧闹的气氛，甚至可能达到令人发狂的程度。

米利奇亚接着说道：

[1] 米利奇亚，《民用建筑艺术原则》（*Principi di Architettura Civile*），第 3 版，巴萨诺（Bassano），1813 年，第二卷，第 26 至 27 页。这一段话，甚至他的整本书，基本上都是在转述洛吉耶神父的各种说法。但是，作为 18 世纪“自然城市”理论普及程度的一个见证，这本书还是有点意义的。

> 城市的布局应该是这样的：城市作为整体是宏伟壮丽的，而这样的宏伟又是建立在被划分为无数个美好的单体之上的，所有的单体彼此各不相同，我们在一座城市里决不可以看到两个完全一样的单体，从城市一端走到另外一端，人们经过的每一个区域都是崭新的，不同于其他任何一个，从中获得一种独特的体验，获得一种惊喜的感觉。秩序必须控制住整体大局，但是，这里的秩序应该是一种多少带有一点令人困惑的特征，城市的局部总是规则和秩序井然的，但是由这些规则的局部所组成的整体则应该带有一种不规则的特征，甚至有些混乱，这样才符合杰出大城市的形象。

秩序与混乱，规则与无序，组织结构呈现的有机和谐与杂乱无章。很明显，这样的追求已经远离了巴洛克时期对于变化中求统一的设计理念的追求。这种多样化的统一在沙夫茨伯里（Shaftesbury）小镇已经获得带有神秘色彩的诠释与注解。

8. 拿破仑与安托利尼理念的不同

对于缺乏有机结构的现实进行掌控，正是对这样的缺乏进行运作才能取得效果。并不是为了给现实提供一种有机结构，而是从混杂共生的状态中找出它们的意义：这些内容便是洛吉耶神父、皮拉内西、米利奇亚等人，以及后来的思想倾向也比较温和的理论家克卡特勒梅尔·德·坎西向建筑艺术领域引进的理论。

但是很快就有人表示反对这样的理论，坚持认为城市的发展应该遵循一些过去的传统法则。乔瓦尼·安托利尼（Giovanni Antolini）就曾经针对米利奇亚的原理提出批评，而且毫不留情地批评其中那些缺乏理性分析的直觉成分。安托利尼对于维特鲁维建筑理论的权威性提出辩护，也为加利亚尼（Galiani）基于维特鲁威理论而提出的理想模式提出辩护。为了批驳经验主义理论和绘画构图理论，诸如伍兹、帕尔默在巴斯（Bath）的做法，爱丁堡的半月形造型住宅建筑（the Edinburgh Cresents）以及1807年的米兰市规划等实例所表现的那些理论，安托利尼列举了格温设计的伦敦规划，那是一个严格理性主义的规划设计，他还列举了米拉蒂（Miratti）为意大利城市巴里（Bari）设计的规划方案，以及圣彼得堡和赫尔辛基的规划方案，作为支持自己论点的佐证。

对于我们的分析有着特别意义的是，在1807年拿破仑统治时期做的那个米兰城市规划设计中，对于规划委员会的规划理念，安托利尼是坚决反对的。

城市规划委员会的委员们面对的是米兰这座城市在长时期历史演变后形成的城市结构，他们倾向于在现有的城市构架内进行新的规划设计。但是只有在一个方面除外：委员会对这座城市的发展历史明确地给它定了性。他们认定，米兰这座城市是各种偏见、错误思想观念和封建制度等政治势力与历史事件相互作用的产物，是代表了反宗教改革的政治理念，因此，对这些委员来说，这座伦巴第首府城市的整体结构则必须对它的历史积淀进行理性的改造，并对它的各种功能和形式进行梳理。这项工作的进行必须遵循这样一个原则来处理，那就是，代表过去愚昧落后的旧区与闪耀着启蒙思想光芒的新区，在它们相遇的时候，很有可能催生出一个十分明确、毫不含混不清的一个假说和设想，来明确米兰的未来发展方向和崭新的城市建设结构。

安托利尼反对拿破仑时期的这个规划并不是偶然的。假如城市规划委员会倾向于在一定程度上与现有历史旧城保持某种融洽的关系，在处理与历史旧城的关系时，降低自己从意识形态观念出发对改造工程进行干预的声音，那么，安托利尼仍然会拒绝那样的交换。他设计的波拿巴广场（the Foro Bonaparte）完全是一个彻底改变现有城市历史的方案，充满了极端意识形态价值观念的象征，让这里成为一个能够代表整座城市的地方，通过给建筑赋予一种粗暴传达某种意志的角色来达到完全改变城市结构的目的。[1]

对立的双方现在都全部到位。针锋相对的观点主要就是围绕城市所具有的主动宣示某种理念的角色问题，重点在于怎样看待城市的这个角色。对于1807年的米兰城市规划委员会来说，眼下最新的理想和功能实际问题，核心就在于把城市结构现状作为问题的基础来对待。但是，在另一方面，对于安托利尼来说，他认为，城市应该重新改变它的整体结构，而改变的方式就是在现存的城市肌理当中，大张旗鼓地引进一些与现状截然不同的新东西，对现有的旧结构产生冲击，同时能够释放出诱导效应，对其他各种污染具有排斥抵制的作用。对于安托利尼来说，城市就是一个庞大的宣传系统，它里面汇集了所有的代表了绝对权威的专制“言论”。

在这里，我们看到了现代艺术和现代建筑的两条发展道路的充分展示。事实上，任何一种现代艺术当中都包含了这两种对立的观念：一方面，有

[1] 参见安托利尼的《关于波拿巴广场的设计说明，向奇萨尔皮尼共和国政府委员会提交的设计报告》（*Descrizione del Foro Bonaparte, presentato coi disegni al comitato di governo della Repubblica Cisalpina etc.*），米兰，1802 年；罗西（A. Rossi）的《米兰新古典主义建筑艺术中的传统概念》（*Il concetto di tradizione nell'architettura neoclassica milanese*），《社会》（*Società*），第 12 卷，1956 年，第 2 期，第 474 至 493 页；梅扎诺特（G. Mezzanotte）的《伦巴第区的新古典建筑艺术》（*L'architettura neoclassica in Lombardia*），那不勒斯 Esi 出版社，1966 年。

人主张从实际出发，深入了解其中的真相，从而准确地掌握和吸收它的价值，认识它的惨状与不足；另一方面，有人主张要超越现实的束缚，创造出一种前所未有的重新开始的新世界（ex novo），全新的现实，全新的价值观和具有全新象征意义。

拿破仑的规划委员会和安托利尼之间的区别，与莫奈（Monet）和塞尚（Cézanne）之间的区别是一样的，这也好比是蒙克和布拉克之间的区别、拉乌尔·豪斯曼（Raoul Hausmann）和蒙德里安（Mondrian）之间的区别，以及黑林（Haring）和密斯（Mies）之间、劳申伯格（Rauschenberg）和瓦萨雷里（Vasarely）之间的那种区别。

9. 杰斐逊的全新规划方法

介于洛吉耶神父的“森林”理论和安托利尼贵族式的态度之间，实际上还存在着第三条道路可以走，那就是重新认识都市形式，从中找到可以操作的建造方式，并且能够控制城市的整体形态。朗方为华盛顿所设计的规划方案，或者诸如杰斐逊城（Jeffersonville）、杰克逊市（Jackson）、密苏里市（Missouri City）等城镇的规划设计方案，都是依据杰斐逊（Jefferson）思想理念，参照欧洲模式，产生出来的全新规划方法。[1]

在这里必须强调一点，18 世纪，美国所提倡的追求自然这一意识形态，它有着适合发展的政治环境。杰斐逊本人也十分清醒地认识到，建筑艺术

[1] 关于杰斐逊作为城市规划师的经历，参见雷普斯（J. W. Reps）的论文《托马斯·杰斐逊的棋盘格城镇》（*Thomas Jefferson's Checkerboard Towns*）。该论文发表于《建筑艺术史学家学会会刊》（*Journal of the Society of Architectural Historians*），第二十卷，1961 年第 3 期，第 108 至 114 页。

具有一种代表体制的强制性和宣扬文化价值的说教性质。

对杰斐逊来说，使用古典主义建筑语言、使用帕拉第奥的建筑语言、使用英国曾经尝试采用过的各种建筑风格,这些做法都仅仅说明一个问题，那就是，随着美国独立革命的成功，欧洲启蒙运动所倡导的理性思想已经成为“建设民主体制”的实践指南。在借用艺术手段来体现和宣传政治信念方面，杰斐逊本人要比欧洲的任何一位政治人物都要做得更有成效，因为他可以在政府主持的“官方”项目上实现自己的理想。他在许多大型项目中，数次担任规划设计顾问，如华盛顿的总体规划、白宫和国会大厦的建筑设计，以及威廉斯堡（Williamsburg）的州长官邸复原设计。此外，他也积极参与建筑艺术领域里许多其他活动。[1]

杰斐逊的建筑艺术理想与他信仰的重农主义、反对城市化的治国理念及政治信仰密不可分。

汉密尔顿（Hamilton）认为，从美国独立革命开始算起，政治现实的全部目标都是属于经济活动范围的，他冷静又明确地追寻的目标就是，试图快速建立起属于美国自己的金融中心和工业中心。但是杰斐逊与他的理念恰恰相反，仍然坚定地信仰那种建立在乌托邦理想上面的民主政体。

以农业为主的经济，其特征是地方性、区域性的自给自足，它是民主体制的支点。在以农业经济为主的同时，对工业发展进行抑制，以上这几个方面对于杰斐逊来说，都是具有非常明确意义的。它们代表了杰斐逊的

---

[1] 关于杰斐逊作为建筑师的活动，参见金博尔（F. Kimball）的《建筑师托马斯·杰斐逊》（*Thomas Jefferson Architect*），波士顿，1916 年出版，后于 1968 年由纽约的达卡珀（Da Capo）出版社再版；弗拉雷（I. T. Frary）的《托马斯·杰斐逊，建筑师和建造商》（*Thomas Jefferson, Architect and Builder*），里士满（Richmond）的嘎瑞和马西出版社（Garret and Massie），1939 年。

一个担忧，他在面对由美国独立革命所引发的那个社会发展势头的时候所产生的担忧。从根本上讲，他担忧的是在社会的发展进程中可能会出现一种逆历史潮流的演变，由目前的民主体制转向一种新集权政体，这种新集权政体的出现是因为资本主义的竞争、城市化的发展，以及城市中出现的并不断增长的无产者。

正是从这个角度出发，杰斐逊才会坚持一种反对城市发展、反对工业经济发展的立场。这也是他为什么努力鼓吹一种与民主政体在逻辑上相一致的经济体制。以杰斐逊的思想为代表的是一种所谓的“美国式的激烈变革”思潮，也就是说，美国知识界抱的是一种模棱两可、充满模糊性良知（ambiguous conscience）的态度，他们一方面热烈地拥抱着民主基本理念，同时又拒绝给出具体明确的宣言。

在这样的一个背景下来考察杰斐逊的民主理念，我们发现，它仍然是一种乌托邦式的空想，但它不是前卫的乌托邦，而是殿后的乌托邦式空想。我们将在下面的行文中看到，在理论家菲奇（Fitch）和斯库利（Scully）的文章中讨论过的杰斐逊与赖特两人在意识形态观念上是极其相似的。[1]

因此，这种以农业为根本的民主理想必须要找到一种赞颂自己的方式。杰斐逊的农庄别墅蒙蒂塞洛（Monticello）就是这种农业民主乌托邦理想的

---

[1] 参见菲奇的《体现民主思想的建筑艺术：杰斐逊和赖特》（*Architecture of Democracy: Jefferson and Wright*），发表在《建筑艺术和大众审美观》（*Architecture and the Esthetics of Plenty*），哥伦比亚大学出版社，纽约 - 伦敦，1961 年，第 31 页；斯库利的《美国建筑与城市》（*American Architecture and Urbanism*），泰晤士 - 哈得逊（Thames and Hudson）出版社，伦敦，1969 年；同前，《美国住宅：从杰斐逊到赖特》（*American Houses: Thomas Jefferson to Frank Lloyd Wright*），发表在《上升的美国建筑艺术》（*The Rise of an American Architecture*），纽约大都会博物馆和伦敦巴尔默尔出版社（Pall Mall）联合出版，1970 年，第 163 页。

杰出代表作品。这座别墅是杰斐逊从 1769 年开始，经历过若干个阶段，亲自设计和建造的。在蒙蒂塞洛别墅的设计上，杰斐逊采取了实用主义的做法,从多个范例中吸取经验,例如帕拉第奥(Palladio)、斯卡莫齐(Scamozzi)、莫里斯（Morris）等人的作品，都能在这里找到痕迹。两侧的建筑都是平屋顶的辅助用房，它们簇拥在主体部分建筑物的两侧。主体部分是主人居住的地方，它看上去给人的感觉犹如一座大豪宅式的神庙。但是，在这样的几何形布局的控制之下,这个设计在技术和功能方面有很多发明和创新，这说明，它的建筑师在主观意愿上是希望能把古典主义建筑艺术和“现代的”实际需求结合起来，说明他希望借此来证明古典主义建筑是可以用在很具体的民用建筑上面的，为社会服务。比如，我们已经注意到，在蒙蒂塞洛的建筑空间里，设计师明确地区分了辅助性空间与主要功能空间。这时的杰斐逊已经在尝试着一些后来成为赖特、康等人的典型设计手法的手法。

在后来的其他建筑设计中，杰斐逊继续发展了他的基本思想。位于肯塔基州巴特西（Battersea）、法明顿（Farmington）的两处住宅[1]，位于白杨林（Poplar Forest）的住宅，他的设计都是把一个复合几何形与几个多边形组合在一起都使用了复合几何形和多边形的混合形状。至于白杨林住宅的形状——根据兰卡斯特（Lancaster）曾经做过的研究，这个几何形组合是从莫里斯图案设计的最基本构成骨架演变而来的。因此，我们从这里看到，杰斐逊实际上也在预示着将来把建筑设计简化为纯粹的几何形做法，

[1] 参见金博尔的《杰斐逊设计的肯塔基两座住宅》（*Jefferson's Designs for Two Kentucky Houses*），发表于《建筑艺术史学家学会会刊》第九卷，1950 年，第 3 期，第 14 至 16 页。

因此便彻底地清除所有的象征性意义，而这种做法也将是欧洲启蒙运动时期建筑艺术的最终阶段，可参见迪朗和迪布那些充满了说教意味的建筑设计作品。

古典主义建筑中的那种英雄主义色彩是被杰斐逊当作是代表了欧洲的神话所接收过来的，他希望能够把这些神话“改造”成美国本土的东西。因此，在使用古典主义建筑语言的时候，他相当自由灵活，而且头脑中没有任何条条框框的束缚。但是，当这种英雄主义的东西被当作一种价值观念、作为一种用砖石建造出来的理性（constructed reason）呈现在那里的时候，用来集中体现并代表年轻的美国社会中各种理想，那么，它就必须是以这样的一种形象出现，代表了一种人人都能理解、愿意传播、关怀全社会的价值观。

杰斐逊作为一名建筑师，他有自己的乌托邦式理想，这个理想充分地表现在他用古典主义建筑来表达“本土化英雄主义”。它的价值观（其解读为大写的理性）是从欧洲进口到美国的。这种古典主义建筑形式在欧洲的历史中已经积淀了厚重的严肃意义，但是在它进入美国的那一刻起，任何与民众生活格格不入的内容，都会立刻被抛弃。也就是说，任何让民众难于理解的神秘和微妙意义都会被毫不犹豫地清除干净。

有了以上的铺垫，我们现在来看看杰斐逊是如何设计里士满的州议会大厦（Capitol of Richmond）的吧。我们会发现，这是一个非常有趣的设计过程。1784 年的时候，杰斐逊还在法国，他聘请了法国建筑师克莱里索（Clérisseau）作为自己的建筑设计顾问。他选用了尼姆（Nîmes）市的卡雷神殿（Maison Carrée）作为参考原型，仅仅把外面的柱子作了修改（从科林斯柱式改为爱奥尼柱式），然后就把设计图寄送回美国。所以说，美国里士满的州议会大厦是欧洲出产的标准化产品，直接拿过来使用，用它来歌颂新的民主政体，通过使用这个社会大众的神殿来让这个政体获得“神圣化”。这个模式立刻就被其他多个城市加以模仿和复制。比如托马斯·沃尔特（Thomas Walter）设计的格拉德学院（Girand College）、拉特罗布（Latrobe）设计的费城宾夕法尼亚银行、斯特里克兰（Strickland）的多个作品等。

所以说，杰斐逊倡导的这类建筑是两种尝试的混合体，一面是适应新的内容，另一面是用经验主义态度赋予古代文化传统新的生命。借用一下马克思的话[1]，杰斐逊所追求的和倡导的就是要让“死了的东西再次复活”。实际上，这样的做法是从欧洲启蒙运动时期开始的，其发生的直接原因是法国大革命导致的危机。这一点，在杰斐逊设计的弗吉尼亚大学夏洛茨维尔校区（the University of Virginia at Charlottesville）（1817—1826 年）的建筑上表现得最为明显。在这项工程中，杰斐逊聘请了索顿和拉特罗布事务所（Thorton and Latrobe）为校园建筑设计咨询顾问。根据杰斐逊等先辈为大学制定的章程，这所大学的校园必须是一个“学术村落”（academic village），也就是一个以学术活动为内容的传统村落模式：他把自己重农主义的意识形态观念与做学问研究的计划完全融合到一起了。大学校园的布局呈 U 字形排布，分布在带有穹顶的中央图书馆两侧。整个大学校园是由一系列的学堂组成，每一个学堂形成相对独立完整的教学核心，包括教工学生宿舍，由一个连续的柱廊把所有这些分散的建筑组合到一起。在建筑布局的形式方面，秩序和自由在这里寻求了一种平衡。一方面，每一个

[1] 引自马克思和恩格斯的《1848 年的德国和法国》（*1848 in Germany and France*）。

学堂的形式都不同于其他的学堂，它表明，古典主义建筑语言这种模型在实际操作上有着极大的灵活性。很有意义的一点是，位于每个学堂和宿舍之间、花园中间的那些围墙，它的形式是波浪式的，这种自由的形态让人印象深刻。另一方面，总平面布局和构图严谨的穹顶委婉地述说着这个组织机构的稳定、永恒和神圣不可侵犯。

因此，在具有“美国式的激烈变革”思想的知识分子们所做的各种努力当中，杰斐逊是第一个熟练地使用了建筑语言来创造出具有戏剧性效果的形象：在价值观的相对变化与基本原则亘古不变之间找到了平衡点，使得二者之间达到互相包容和妥协。这种妥协既包含了个人的意志和冲动，也兼顾到了社会的效果。个人的意志总是希望不受约束，希望达到无政府的自由状态，而社会秩序则不允许如此。德·托克维尔（de Tocqueville）曾经在1835—1840年完成的一本书，名叫《美国的民主》（*La Democratie en Amerique*）。上面所说的矛盾恰恰如同该书作者指出的那样，它是无法克服的，是悬挂在民主体制头上的一把利剑。

毫无疑问，杰斐逊的重农主义意识形态，实际上是建立在一种极度乐观的未来愿景之上的，同时也彻底地回绝了人们对它持有的任何批判和怀疑态度。但是，可以肯定的是，在杰斐逊生活的那个时代，人们在对待建筑艺术和城市规划的态度上，那样的意识形态是不可能杜绝一种事实的渗透的，这个事实就是，来自欧洲人的理性思想的意识形态，其唯一正确的“应用”方式就是要认清一点，乌托邦式的理想，建筑艺术的古典主义，即反联邦和反城市的民主政体，不再可能是一种先锋前卫式的创造。这一点，在华盛顿的城市规划过程中，以及后来美国的城市美化运动过程中，得到了最充分的证明。

10. 华盛顿的规划设计

在华盛顿的规划设计中，杰斐逊的思想和理念立刻被朗方接受并且沿用下来。一个首都城市的建设被看作是“把新世界的思想基础”变成各种具体的视觉形式语言，它体现了一种集中权力和“自由的选择”，而来自欧洲的集体意志是不可能推动“自由的选择”这一思想的。从这个角度来看，这座新城市的布局形式也就顺理成章地获得了自己最主要、最突出的意义。已经做出的政治上的选择，这时必须要从欧洲诸多的现有范例中找到恰当的模型来表达自己。或者应该这样说，来自欧洲的模型必须与美国城市规划的传统做法相结合。因此，在朗方的规划设计中，他有意识地把传统殖民地城市规划中使用的网格手法与当时欧洲最先进的规划手法结合起来。朗方参考的当时欧洲最先进的规划案例包括勒·诺特（Le Notre）的法国园林、雷恩的伦敦规划方案、18 世纪的德国卡尔斯鲁厄（Karlsruhe）的城市规划，以及帕特的巴黎规划等规划设计方案。

朗方设计的华盛顿市在本质上是真正的全新的自然环境（new nature）。来自欧洲的那些范例都是源于绝对君权和独裁暴政的国度，现在这些范例被一个民主政体的首都所采用，而这个转换所代表的社会意义是路易十四时期凡尔赛所无法理解的。有一点值得注意的是，华盛顿的规划设计最后得到了实施，而雷恩为英国伦敦所做的规划设计，由于政府在管理机制上缺乏有效的工具，那个方案则停留在仅仅是一个文化提案而已。

发端于17世纪的美国安纳波利斯城(Annapolis)和萨凡纳城(Savannah)曾经采用过的那些规划手段，到了这时已经开始成熟。因此在华盛顿的规划当中，这两座城市的手法被结合到一起，而且提高到一种非常熟练的高度，自豪地展现在世人的面前，至少在城市规模和范围方面，这个规划也是一项宏大的工程。在华盛顿的规划中，朗方采用了两种网格系统，一种是正交的互相垂直的网格，另一种是放射形道路网格。这些道路网格可以被看作是在城市这座森林丛中开辟出来的道路，也就是说，大自然变成了民众使用的对象了。在这两种道路格网交会的地方，朗方设计了十五个公共广场，象征了当时加入联邦的十五个州。同时，立法机构和行政机构在这座城市中的两个主轴线构成一个“L”形结构，政治权力的分离在这里得到了具体的表现。白宫中轴线与国会大厦的中轴线的交点是华盛顿纪念碑。纪念碑的最初设计是由罗伯特·米尔斯（Robert Mills）完成的，原始构思是方尖碑配上一圈柱廊。米尔斯也是设计美国财政部大厦的建筑师。但是，华盛顿纪念碑最终实施方案更为简洁，只有方尖碑。我们或许会说，简洁的方尖碑实际上更能渲染出更为强烈的“形而上”价值，更加具有抽象的象征意义。连接立法机构和行政机构之间的主要大路是斜向的宾夕法尼亚大道，大道两个尽端的建筑物不但具有实际功能，而且也具有极大的象征意义。[1]

由于朗方事事都要亲自出面干预，希望能够绝对地控制这个城市的开发，结果他被解聘了。我们也应该特别注意一件事情：杰斐逊本人从一开始就不赞成这位法国建筑师提出的那种不可一世的宏大气势，在朗方被解

[1] 关于美国首都华盛顿的规划历史，参见雷普斯整理的翔实资料，《宏伟的华盛顿：首都中心区的规划和建设》（*Monumental Washington: The Planning and Development of the Capital Center*），普林斯顿大学出版社，1967 年。舍曼（S. M. Sherman）对于该书所做的评论发表在《建筑艺术史学家学会会刊》第 28 卷，1969 年第 2 期，第 145 至 148 页。

聘之后，华盛顿这座城市开始投入使用。到了 1800 年的时候，这座城市已经有了 3000 多居民。从欧洲来这里旅游的人都很羡慕这座新城市，包括特罗洛普（Trollope）和狄更斯（Dickens）。但是，这个城市毕竟是一个各种势力取得折中妥协的产物，一方面是杰斐逊的反对都市化的理念，另一方面是朗方的追求气势宏大的规划。政治人物为了让新诞生的美国能够有一个崭新的象征形象，来表现联邦政府的存在，只好暂时忘记杰斐逊的理念。华盛顿的规划是一个很开阔的空间，通过一系列关键的节点来标示出整个城市的结构。在美国，一个经济上最不重要的城市，它的规划和城市形象却是最“精心设计”的，这绝对不是偶然的。

古典主义的建筑艺术经历了时间的检验，具有一种超越任何时代的特征。采用古典主义建筑艺术来构成一座城市的形象、指导城市的发展、装饰重要场合的纪念碑，这样的做法与杰斐逊的意识形态理念和政治纲领是一致的。在华盛顿这座新首都城市里，它本来充满了对古老欧洲价值体系的怀旧情结。但是，这个新社会在其后续的经济和工业发展过程中，却是一步步有意识地把这些古老欧洲价值体系破坏殆尽。

因此，华盛顿这座城市便构成了所谓的美国式“明知故犯式的反其道而行之”（bad conscience）的典型代表，而这种“明知故犯”又是伴随着工业发展铁律而出现的衍生品，是无法排除掉的。这种被动出现的表里不一的欺骗性之所以会出现，其原因就在于，这座城市本身其实是一座大型的纪念碑；作为一座纪念碑，它可以不受约束地展现自己超越时代的性格，而这样的展示是一种持续不断和堂而皇之的行为。

针对华盛顿市中央区域的集中开阔绿地，从 1850 年开始，景观建筑师安德鲁·杰克逊·唐宁（Andrew Jackson Downing）曾经试图融入某些自然形态的景观设计，融入富于浪漫色彩的景观细节，但是，最后以失败告终。1871 年，亚历山大 · 罗比 · 谢泼德（Alexander Robey Shepherd）则尝试采用更务实的某些手法，试图把改造巴黎的整治手段应用于华盛顿，这种尝试也没有成功。后来从 1900 年开始，西奥多 · 宾厄姆（Theodore Bingham）、小塞缪尔·帕森斯（Samuel Parsons, Jr.）、卡斯·吉尔伯特（Cass Gilbert）等人对波托马克公园（Potomac Park）以及中央绿地进行一系列的改造设计，均没有成功。在这一系列不成功的尝试之后，这也是为什么华盛顿市公园管理委员会（The Park Commission）决定重新回归朗方的最初构想，并且一直贯彻到最终。过去的历史又重新得到了延续，这一点意义重大。

华盛顿市公园管理委员会成立于 1900 年。它是由参议员麦克米伦（Senator McMillan）在秘书查尔斯 · 摩尔（Charles Moore）的策划提议下成立的。委员会成员包括丹尼尔 · 伯纳姆（Daniel Burnham）、查尔斯·麦克金（Charles McKim）、小弗雷德里克·劳·奥姆斯特德（Frederick Law Olmsted, Jr.）。委员会眼中的楷模仍然是欧洲学院派的设计作品。实际情况是，伯纳姆等人曾经花了很长时间进行实地考察，他们研究了维也纳、布达佩斯、巴黎、罗马、法兰克福、伦敦等地的规划设计。北美出现的所谓城市美化运动（the City Beautiful Movement），其全部内容均可以在华盛顿这座城市的中心区找到痕迹。事实上，也只有华盛顿中心区的扩建项目才最适合城市美化运动的追求内容。华盛顿公园管理委员会的全部目的，并不在于创造商业机会，或者让城市更适合商业活动的需要；相反，他们的目的很明确，就是要建造一批具有抽象的象征意义的建筑物，通过城市形象具体地来表达某种意识形态的理念，把这里打造成宣扬一种政治体制的寓言载体。然而，这种政治体制带给社会经济的是一场快速、不稳定的变革，但是，他们用来表现自己的那些建筑艺术却在原则上体现出一种不变的永恒性。华盛顿这座城市，在形式上固守了不变的稳定性与传统性的原则，这说明它是一种反历史的做法。正因为这样，纽约、芝加哥、底特律等城市才有机会成为城市发展的主角。即使伯纳姆以及鼓吹城市美化运动的城市规划专家们当初的动机都是单纯地从艺术形式和品质角度来对城市的需求进行理解，我们在上面得到的结论也仍然是成立的。伯纳姆和那些规划专家的所作所为恰恰说明，他们其实是希望在抽象认识层面和宏观城市结构的最开始阶段，能对于今后的发展做出统一的控制。

华盛顿市公园管理委员会于 1902 年举办了一次展览，把城市中心位置的集中绿地景观的各种规划设计成果向民众做一次展示，引起民众的极大兴趣。虽然这里展出的都还是一些方案阶段的图纸和构思，但是，这些设计已经达到了自己的目的：借助于建筑艺术和景观设计来具体表现美国这个崭新的国家，用最优秀的建筑艺术来代表那些为这个新联邦而献身的人的意志。在两条进深遥远的轴线交会处，矗立着华盛顿的纪念碑——后来在两个轴线方向上非常恰当地添加了一系列连续的台地——两个轴线的端点分别是林肯纪念堂和杰斐逊纪念堂。前者是由亨利·培根（Henry Bacon）于 1912 年开始设计建造，而后者则要到 1930 年前后才开始设计建造，建筑师为罗素·波普（J. Russell Pope），后来则是由埃格斯（Eggers）和希金斯（Higgins）接手完成。公园管理委员会的计划和两大纪念堂的选址以及后来 1964 年由 Skidmore, Owings, and Merrill（SOM）建筑师事务所规划设计的宾夕法尼亚大道两旁的建筑，都雄辩地证明了一点，即每一个具体项目的设计师都在遵守着这些原则。

组成华盛顿主要建筑的古典主义建筑都是完美的，它们与那些从 1920 年到 1940 年流行于欧洲的学院派古典建筑有所不同，欧洲的学院派古典建筑实际上都是打了折扣的，采用了不少折中的手段。美国采用的古典主义建筑却是不接受任何制约，其目的就是要表达整个联邦国家的理想，历史在这里被凝固了。美国的这些古典主义风格的建筑，它们的尺度都非常巨大，根本不会去考虑与人的尺度和比例关系。这些建筑所关心的只有公共的尺度、社会的尺度以及世界的尺度。理性主义演变成了民主的理念，这些建筑必须要向全世界宣扬代表着美国主导的时代（pax Americanan）这一抽象原则。

11. 美国城市规划的有机性

1902 年的规划也好，20 世纪 30 年代的规划也好，或者是 20 世纪 60 年代的规划也好，以上所有这些规划设计方案，都解释了美国首都的建筑设计和城市规划为什么要摒弃各种先锋派的建筑艺术。华盛顿就是想通过一切手段来强调自己在城市发展方面的与众不同,并不是指它的规模巨大。在这座城市里，一切都超越了时代，一切都不容置疑，就好像是完全代表着“积极正面”的奥林匹斯山一样，它汇集了整个美国社会对于寻找自己文化传统根源所表现出来的一种焦虑感。

因此，凡是能代表价值观稳定性的手段在这里可以充分地展现自己。也就是说，它必须是一种传统的东西，但是同时又必须具有真正的寄托人们期望的东西，它必须能够得到呵护，不至于受到城市开发和经济发展的影响，不至于受到不断出现的革命性技术现代化的影响。

因此，价值观、永恒性以及艺术形象在这里以具体物体的形式被表现出来了，这些具体的物体也不是货真价实的东西，但是它们还是被赋予了物质的外形。这些物体是一些象征，代表了美国社会对超越自身现实存在的渴望，也是一个社会在不断出现的恐惧面前所希望看到的东西，这种恐惧来自于这个社会自己进入了一个不可逆转的一个过程。作为一种代表了纯净、完美的理性主义的理想艺术形式，古典主义建筑艺术被有意识地保留了它的全部反历史的特征。在整个一个世纪的时间里，这也是发生在华盛顿的实际情况。但是同时，有那么一类建筑，以一种不很明显的方式出现在美国，用卡尔曼（Kallmann）的话说就是，一种“追求造型构图严谨”的建筑艺术，例如路易斯·康、卡尔曼、朱尔戈拉（Giurgola）和约翰森（Johansen）的建筑作品。这些人活跃于 20 世纪五六十年代，他们所追求的建筑艺术基本上都是从建筑外观的造型入手，并给自己的建筑艺术冠以所谓的“反对商业化”（anticonsumerism）这样一个闪烁其词的名称。所谓美国式的激烈变革实际上是口是心非的，从杰斐逊到路易斯·康，所有的人到最后都十分悲哀地发现自己在追求一种根本无法操作的价值观，总是在反复不断地对自己进行悲惨的否定。

与华盛顿形成鲜明对比的是纽约市的案例。纽约市的发展和规划是由城市规划委员会于 1811 年制定的，它采取的是实用主义的基本方针。这个发展计划经常被拿来对城市规划与美国社会中典型的价值结构之间的关系进行分析。这种关系从城市诞生那一刻起就一直受到关注。关于纽约的城市规划，我们在这里无须加以赘述。[1]

早在18世纪中期初，美国城市规划方面的伟大历史意义就在于，它十分关注引起城市有机形态发生改变的那些作用力和各种相关因素，通过采用实用主义的态度来控制城市的发展。欧洲的城市规划对于这样的方法从来都是陌生的。

使用规则网格式主要道路体系作为城市主体结构的骨架，而且在城市连续不断的变化过程中始终确保这个城市结构的有效性，这在欧洲是一个从来没有达成的目标。在美国的城市里，某种建筑的片段和风格是能够确保自己的绝对自由的，但是，这个片段在形式上并不适合它自己所处的那个位置和环境。这也就是说，美国城市中的次要元素可以最大限度地被允许灵活多变，而控制主要的整体结构的规则是严格地加以执行的。

于是，城市规划和建筑艺术最终被割裂开来。华盛顿城市规划中的几何图案特征并不强迫每一栋建筑物在形式上死守这样的几何规律。早先的

---

[1] 见贝内沃洛（L. Benevolo）的《现代建筑史》（*Storia dell'architettura moderna*），第4版，巴里拉特查出版社（Laterza, Bari），1971年；马里奥·埃利亚（Mario Manieri-Elia）的《美国战后的建筑》（*L'architettura del dopoguerra in USA*），博洛尼亚卡皮利出版社（Cappelli, Bologna），1966年。关于1807年到1811年的纽约城市规划，马尼利 - 艾利亚是这样写的："在城市的尺度方面，清教徒的思想以及'反建筑艺术'思想恰好呼应了杰斐逊倡导的强调自由意志的个人主义。这种强调自由意志的个人主义精神是整个政权体系的基础，它也明显地反映在《独立宣言》当中。这样的体制很显然在提供支持的同时，尽最大可能地不去干预。如果政府必须是一个富有灵活性的工具，而且只能是一种工具，那么它就必须在任何时刻都需要具有足够的灵活性来保障基本的人权，就有充分的理由必须让城市规划具有最大的机动性，对于任何一种生产活动产生最小的阻碍。"除此之外，同时请参见雷普斯（J. W. Reps）所做的杰出专著，它详细论述了美国城市的形成过程，《美国城市化过程》（*The Making of Urban America*），普林斯顿大学出版社，1965年。

费城和后来的纽约市也是如此。与圣彼得堡和柏林不同，美国这些城市中的建筑可以自由地尝试各种不同的建筑艺术形式。城市体系只是承担了一个功能，就是用来说明哪些建筑的形体是可以自由到何种程度，确保一种整体尺度上的可控性，至于建筑造型的严谨程度则由建筑物自己把握。因此，美国城市的组织结构具有一种非常了不起的开放特性，尤其是在 19 世纪中期之后，它最大限度地允许了建筑表现的丰富性，这种建筑艺术表现的自由和多元化遍布于城市的自由和开放道路系统各处。我们可以上升到形而上学的高度来概括一下这个现象，那就是，它是自由贸易的伦理关系遇上了拓荒者开疆辟地的冒险精神。

第二章　代表了反动的逆向乌托邦式空想的城市形式

1. 建筑艺术对城市设计的干预

对于 18 世纪建筑艺术，我们有真实的体验以及凭借直觉建立起来的先验的概念，我们在前面对这些体验和直觉概念所做的简单分析能够十分清楚地告诉我们的只有一条，那就是传统的形式这个概念现在已经面临了重大危机，而发生这个危机的原因恰恰在于，城市在自己的发展过程中逐渐意识到，其中的建筑艺术对城市的干预已经成为一种自治状态的独立领域。我们关于华盛顿城市发展历史的论述已经非常清楚地说明了这种情况。

启蒙运动时期的建筑艺术，从一开始就提出了一个对于当代艺术发展至关重要的基本概念：形式上摒弃艺术手段的处理，整体结构上反对有机的和谐。由此类建筑形式语言所形成的一种局面，从一开始就与新型城市的问题联系在一起，而这时的新城市即将成为现代资产阶级社会中体制机制的基因位点（locus），出现这样的局面绝不是毫无意义的偶然现象。

然而，理论家们兜售的关于形式原则方面的修正理论，不但没有带来一场在形式意义方面的真正革命，而且恰恰相反，他们的理论反而带来了价值观上的尖锐矛盾和危机。在整个 19 世纪的全过程中，工业化城市所衍生出来的问题带给建筑艺术的全新内容让这场危机显得更加突出。其结果则是，艺术变得无所适从，不知道应该如何跟上城市建设发展的现实。

另一方面，彻底打破形式中的有机特征，这样的做法则完全集中在建筑艺术的创作领域之中，在城市的层面上却是无用武之地。当我们看到“一件维多利亚风格的建筑作品”，我们通常会惊奇地看到在那上面很多针对该“物件”所进行的过度精雕细刻的烦琐细节。我们几乎没有任何人会真的认为，对于 19 世纪的建筑师来讲，对于新技术 “精确的世界”所带来的新的物理环境中那为数众多的影响因素，那些大杂烩一样的折中主义的建筑艺术和表现手段的多样性，是一种恰当的解决问题的办法。

对于“精确的世界”提出的各种要求，建筑艺术的回应则完全是采取一种“差不多”的态度，这一现象毫不令人奇怪。现实情况是，正是因为技术进步取得胜利引发了各种冲突，这些冲突都在城市中留下印记，让城市结构发生了激烈的改变。城市现在变成了一种开放的结构，在这样的城市结构里寻找到某些平衡点则是一种乌托邦式的幻想。

但是，建筑艺术具有一种持久固定性质，至少在传统意义上的建筑艺术是这样的。它实际上赋予了永恒价值一种外在表现形式，让城市获得了一种实实在在的物理形态。

有些人希望抛弃建筑艺术的这些传统意义，并且希望把建筑艺术与城市的命运结合起来，他们只是把城市看作是现代技术进行大规模生产的一个场所——而且城市本身也是这类技术产品的一种——他们把建筑降低到整个生产线上的一环。皮拉内西警告说，资产阶级的城市就是一座“荒唐的机器”，这是一个如同先知般的预言，从某个角度来看，他的这个预言在 19 世纪的大都会城市里都先后变成了现实。而这时形成的那些大都市，实际上构成了资本主义经济体系中最重要的框架。

土地使用性质的控制性规划，主导了这些大都会城市的发展，土地基于使用性质的划分，在开始的时候，丝毫没有掩盖它的阶级特征。无论是鼓吹激进思想的意识形态理论家，或者是坚信人文主义思想的理论家，他们都在自由地展示工业化城市的非理性特征。但是，他们能够这样做的唯一办法就是，（并不是一个巧合）让自己忘记这里的非理性之所以成为非理性，恰恰正是因为观察者倾向于自己采取欺骗自己的办法，做出一种仿佛置身事外的超然态度（au dessus de la mêlée）。坚持人文主义精神的乌托邦理想和激进的批判理论有一个意想不到的效果：他们使得资产阶级明白，应该对于理性和非理性之间的相互关系问题亲自来进行一次核查。

对于以上所说的这些内容，可以这样说，这个问题是在都市的意识形态形成过程中无法回避的问题。用抽象的语言来概括就是，对于 19 世纪里出现的一切造型艺术来说，这个问题都相似，因为富有浪漫主义色彩的折中艺术的起源，都是要赎回艺术作品的那种多重含蓄模糊的意义，把模糊性看作艺术作品中最为关键的衡量价值标准：被皮拉内西推向极致的正是这种多重含义和模糊性。

神圣的东西不再神圣，这样的预言令人心生恐惧，而能够让皮拉内西化解自己内心这个恐惧的力量，实际上和那个让浪漫的折中主义把自己装扮成人类生活环境商业化的力量是同一股力量，那就是利用人类原始的怀旧情感与对崇高的向往，同时在其中掺杂一些完全过时的陈旧价值观的碎渣，精心控制自己闷不出声和戴着虚假的面具，做出一副好像是根本无意再重新获取自己早已丧失的权威性的样子。

19 世纪的模糊性完全表现在它那毫不掩饰的“（故意欺骗）虚假意识”（a false conscience）行为，也就是它企图通过展现本不存在的真实可靠性来得到终极的伦理秩序。如果我们把这种折中杂烩的偏好汇集起来，构成一种模糊性形式语言的表达方式，那么，城市就是这些东西的应用场所。

为了尝试重建这样的伦理秩序，印象派画家的绘画作品必须要以城市环境作为观察的出发点，但是，它又远离那个环境的真正意义，所凭借的是对视觉观察的结果做一些微妙的变形，而这样的变形只不过是在模拟某种科学的客观记录。

对于这种情况，基于政治考虑的第一个反应就是如何重新恢复过去传统的乌托邦理想，就是那个已经被启蒙运动彻底赶跑了的乌托邦式理想。但是，为了达到这个目的而采用的视觉艺术表现手段却产生了一种全新的乌托邦理想：这是个蕴藏在真实的事实当中的，蕴藏于“实物”的具体存在当中的，实物都是已经构建起来的，并且能够验证核实的东西。

2. 现代建筑运动的起点

属于 19 世纪政治中的乌托邦理想这一潮流与“现代建筑运动”中的各种理想仅仅存在间接的关系。事实上，这样的关系还仅仅是一些有待证实的推测而已。代表乌托邦理想的傅立叶（Fourier）、欧文（Owen）、卡贝（Cabet）等人与代表城市理论模型的昂温（Unwin）、格迪斯（Geddes）、霍华德（Howard）或者斯坦恩（Stein）等人属于一类关系，与代表城市理论模型的加尼耶（Garnier）、勒·柯布西耶等人为是另一类关系。很明显，当人们对这些关系进行研究的时候，其实他们就是对同一个现象从不同的角度入手进行分析，一些是从功能方面切入，另一些则是从形式方面切入。[1]

但是，非常清晰的是，对于让无数人不断地去感激乌托邦思想家们的这个问题，马克思主义批判理论所给出的具体回答导致两个直接的后果，从而形成了全新的城市意识形态观念：

第一，通过再次采用严格的结构主义语言，把乌托邦如何置自身于死地的这一事实清晰地展示给世人，向世人揭露一个隐秘的意志力，它蕴藏在乌托邦理想之中，到了即将自我毁灭的边缘。

第二，抛弃浪漫主义的幻想，不再奢望仅凭借主观思想上的作为就可以改变社会的命运。命运这个概念本身就是因为新的生产关系的出现而产生的，这一事实资产阶级已经很清楚地认识到了。勇敢地接受命运已经构成了资产阶级道德观的基础，是对于现实中各种现象认识之后的升华。命运带来的悲惨和贫困已经反映在日常生活的各个层面，最集中、最能代表着悲惨和贫困的形式就是我们的城市。而这种勇敢面对命运的行为是可以改变悲惨和贫困命运的。

---

[1] 空想的社会主义以及它为城市改造提出的方案，现代运动演变成代表了意识形态观念，这两件事情是不可能用同一种评判标准来衡量的。我们必定会注意到，带有空想色彩的浪漫主义只能充当替补演员的角色，真正的主角总是那些意识形态观念。但是，替补演员的成长过程，尤其是在盎格鲁-撒克逊地区的实践中采用的那些具体做法，应该拿来同美国新政时期推崇的那些模范案例进行一番比较。社会主义理论的传统框架下，工人阶级意识形态（ideology of work）极大地影响了 19 世纪以及 20 世纪初期的城市规划理论的出现和发展。关于它的重要意义，请参考卡恰里（Cacciari）的重要文章《乌托邦空想与社会主义》（*Utopia e socialismo*）。该文章发表在 1970 年第 3 期的《反对计划》杂志上，第 563 至 686 页。同时参考同一作者的其他文章：《关于组织的问题》（*Sul problema dell'organizzazione*），《日耳曼 1917—1921 年》（*Germania 1917-1921*），《捷尔吉·卢卡奇简介》（*introduzione a György Lukács*），《1920 年至 1921 年间的德国共产主义》（*Kommunismus 1920-1921*），意大利帕多瓦市马希利奥出版社（Marsilio, Padua），1972 年。

终结了乌托邦式的幻想，一切均从实际出发，发生这一转变的时刻并不是“现代运动”中意识形态观念形成的起点。真正的起点是从 19 世纪 40 年代开始的，充满着现实主义色彩的乌托邦空想（realistic utopianism）与充满了乌托邦式空想的现实主义（Utopian realism）共生并存了一段时间，它们彼此互为补充。人们对乌托邦式理想社会的热情逐渐冷却，转而把希望寄托在追逐利益的现实政治方面。建筑艺术、美术绘画、城市规划等方面的主导理念仅仅在形式上还残存着乌托邦式的幻想，凭借着这样的幻想，通过理想中的综合效果还可以让人们重新找回完整的人性，通过理想中的某种秩序来承受现实中的乱象。

由于建筑艺术与现实中的生产活动有着直接的关系，因此，它也就不仅仅是第一个能够毫不犹豫地接受自己商业化后果的行业，甚至在政治经济机制的强制手段和理论成型之前，它就已经这样做了。现代建筑从自身的具体问题出发，利用自己的手段，创造出一种宣扬意识形态理念的氛围，在各个层次上，让建筑设计与资本主义新型城市中的生产、分配、消费等方面的重组紧密地结合起来。

从 19 世纪的后半叶开始到 1931 年这段时间，现代运动一直把自己当成宣扬意识形态理念的工具。到了 1931 年之后，现代运动所遭遇到的危机就在各个领域、在各个层次充分显现出来了。对这个过程进行分析可以说就是在追述三个连续的不同历史阶段：

第一阶段，它目睹了用城市作为宣扬意识形态的工具来克服晚期浪漫主义的神话；

第二阶段，它见证了先锋派艺术家们把创造出宣扬意识形态理念的作品当作自己的任务，把“没有得到满足的需求”都一一具体化，进而对建筑艺术提出一个又一个的具体答案（绘画、诗歌、音乐、雕塑等艺术形式也可以实现这一目标，但是只有在纯粹的理想层面上才有可能实现）；

第三阶段，建筑艺术所体现的意识形态已经变成了崇尚计划的意识形态理念（ideology of the plan）。但是，当1929年的大萧条危机过后，随着各种反周期性经济危机的理论不断地得到丰富，随着资本在全球范围内的重组，以及苏联开始实行它的第一个五年计划，建筑艺术的意识形态角色也就从此变成一种可有可无的东西，成为跟不上形势的落后分子们所中意的某种东西，变得没有什么价值可言。因此，这个阶段也就陷入了危机，也就会很自然地被替代。

塔夫里的想法是，把整个过程用提纲挈领的方式列出一个提纲，通过强调其中的几个重要事件，为将来进一步的深入研究和详细的分析提供一个大的框架。

第三章　意识形态和乌托邦空想

1. 现代建筑运动初期的意识形态

在现代建筑运动的形成初期，资产阶级的意识形态是在什么情况下形成的，这些意识形态又是在什么时候被战胜的，现在是有必要对当时的理论工作进行仔细严格定义的时候了。

归根到底，这个问题实际上是进行一次评估，是对 20 世纪早期实行的把乌托邦空想当作具体的实际工程计划来付诸实施的这样一种实践所进行的一次彻底评估，看看这样的实践到底具有什么样的意义。

不经过这样一番分析，对现代建筑整个过程的认识就成为一个无法理解的东西。

19 世纪伟大文化（Kultur）的所有“悲剧”，魏玛时期的一切乌托邦式理想，到头来，除了幻想着对未来的全面掌控之外，没有留下其他任何的东西。为什么会这样呢?

理论方面的无作为，本身是一种犯罪，它让 19 世纪文化界的良知背上了沉重的负担，为了担起这样一副担子，各种激进的意识形态观念便纷纷出笼。因此，把这些意识形态观念变成乌托邦式的理想就成了不可避免的必然结果。而这些意识形态观念为了能够长期存在下去，就必然会否认自己仅仅是一种意识形态观念，会把自己那水晶般的外观形状打破，然后分散到“建设未来”的种种事迹行动当中去。这样，经过改头换面的意识形态观念就变成了可以实际操作的一项伟大工程，确立了在实际工程中变成现实的意识形态观念（realized ideology）的主导地位，超越了原先单纯的发展形成中的初始形态。

在20世纪初，对于那些阻碍生产领域的全球范围内理性化、左右了社会生活的各种谬论进行揭露,成为知识精英和理论界的新的历史性任务。韦伯的（抛弃价值的绝对理性判断）伦理中立（Wertfreiheit）是继尼采的悲剧式醒悟之后最激进的“宣言”，它拒绝接受在科学和意识形态之间出现的任何妥协。伦理中立毫不含糊地排除了任何的价值判断。很显然，在韦伯的眼里，目前最大的障碍就是价值判断。科学的规则只有一种责任，那就是“自我管控”，就是说，“为了确保避免出现蒙蔽和欺骗，为了明确地区别以下两种情形，自我管控是唯一的方法。第一种情形是从逻辑角度出发，对现实和理想目标进行逻辑比较，找出其中的相互关系；第二种情形则是以理想目标为基础来对现实进行判断和评估。”[1]

韦伯主张的抛弃价值的绝对理性判断，即伦理中立理论，具有一个极具戏剧性效果的衍生意义，我们不应该忽略这一点。当知识界的理论家们排除了价值判断之后，他们就勇敢地接受了各自即将承担的责任。这种做

---

[1] 引自韦伯的《历史的社会科学的一种方法》（*Il metodo delle scienze storico-sociali*）一书，都灵艾瑙迪（Einaudi）出版社，1958年。关于韦伯对于意识形态展开批判的一般性概述，请参考勒文施泰因（K. Loewenstein）的《关于民族社会学》（*Beiträge zur Staatssoziologie*），图宾根，1961年。在帕雷托（pareto）、马克斯·舍勒（Max Scheler）、韦伯等人的著作中，他们对意识形态展开的批判，程度有所不同，认识程度也有所不同，但是，这些批判的声音通过各自无情的宣言，在社会上引发了与主流不和谐的意见。

法本身，首先它证实了理论家已经认识到了，在整个系统中始终存在着作为负面因素的非理性元素，而这个负面因素又是不可能与正面积极的因素分离开的，所以，在坚持正面的东西的时候，也必须要接受负面东西的存在。对于韦伯、凯恩斯（Keynes）、熊彼特（Schumpeter）、曼海姆（Mannheim）来说，问题的关键在于找到一种办法，让正面因素和负面因素同时发挥出各自的作用（资本家和工人在一起共同工作），避免二者的分离，实现二者成为彼此互补的关系。对于这些理论家来说，当时占据主导地位的核心主题就是把未来的一切都精心地规划预测出来，未来都是由“理性”来支配的、尽可能地把伴随而来的任何风险最大限度地排除在外。

这也是为什么曼海姆一定要对乌托邦空想的作用和真实情况给出一个具有相当神秘色彩的解释。[1]

在曼海姆看来，意识形态的鼓吹者属于一个“文化阶层”的自由知识分子。他们作为理论的思考者，就是要从理论上对现实进行合理化的解释。他们的工作仅仅是对现实进行归纳和总结。

---

[1] 在这里主要是指曼海姆所加以区别的两个概念：一个是“积极进步的思想”，一个是“消极保守的思想”。积极进步的思想借助于整合自己来面对某些特定的事实，这种整合的绝大部分内容是源于理性的空想，而整合的结果就是产生出一种整体的远景，它无所不包地对一切采取严格的控制。这种远景要么已经实现，要么正在形成。意识形态的对象可以是超越了现实的，它把现实的存在进行了提升，使之升华。但是，总的说来，意识形态只有在对现存的秩序进行归纳的时候才产生。只有当这种不恰当的追求试图打破现有秩序关系的时候才会变成一种意识形态理念。事实上，在历史的全过程中，曾经有过不少的思想，它们使得现存的秩序得到升华，但是它们都不是起到意识形态那样的作用。相反，它们所采取的手段都是有机和谐地与当时时代的理想结合到一起，它们并没有主张采取革命的手段，它们形成了当时最恰当的意识形态。曼海姆《消极保守思想》（*Das conservative Denken*），发表于《社会科学和社会政治学档案》（*Archiv für Sozialwissenshaft und Sozialpolitik*），1927 年。

作为对比，思想界存在着两种倾向："积极进步的思想"和"消极保守的思想"。前者的特征就是，"每一件事的意义来自于高于它自己的另外一个事物，即说来自于未来的乌托邦空想，或者更高层次的标准"。而后者的特征则是"从一件具体事物的背后来寻找其意义，即从过去，至少从它的胚胎状态来寻找它的意义"。

因此，所谓的乌托邦空想不过是一种"对现实和未来提出的某种结构性的全面展望"，是对绝对"基点"的超越和提升，是一个参照系统，它的意图就是"为了在一个更高的层次上建立起一个新秩序而打破现有的秩序"[1]。对于韦伯、曼海姆等精英来说，意识形态观念的不断修正，才是社会发展的主要推动力量。他们二人就像凯恩斯一样，都认为，唯一可以被人们认识的现实才是发展的动力。实际上，曼海姆所说的乌托邦思想就已经超越了作者的断言,成为以当前现实为出发点来构建未来的终极模型。因此，从"保守思想"角度出发的理论也就变得不可或缺，成为一种能够让整个体系释放出那样动力的工具。这种未来和现实之间的平衡就不断地被打破，这就是所谓的抵制意识形态说教的"科学的政治学"，成为在社会发展中所产生的各种冲突的理性解决方法。但是这样的方法必须要接受一个前提条件，那就是，人们必须要明确地认识到，这些冲突都是在现实

[1] 有一点非常重要，值得关注。在曼海姆看来，乌托邦空想一旦被确认和接受，它就变成了一种意识形态。因此，曼海姆在意识形态和乌托邦空想之间建立起一种辩证的关系，这种关系会让我们认真思考乌托邦空想本身所具有的整体结构性深远意义，这种意义甚至在曼海姆的著作中也是如此。曼海姆的论述显然是希望能够回答乌托邦空想到底有何功能这个问题，这个问题是在《德意志意识形态》、《共产党宣言》中被提出来的，在恩格斯的《社会主义从空想到科学》中也包含了同样的问题。换句话说，根据乌托邦式的空想，把"革命性改变"看成是必不可少的理论才是同一切社会民主政治实践紧密相关的，这一事实很容易通过对过去的历史进行深入研究得到证实的。

演变的矛盾对立的辩证过程中所固有的必然现象。[1]

曼海姆式的理论认为，乌托邦空想是与现实紧密结合的政治经济演变过程，它的特征就是通过试验性的实践来预测出走向未来理想的道路。该理论中的这个矛盾是20世纪初期先锋派思想界所形成的各种共识中的一部分。

然而，在凯恩斯和韦伯的理论中，这条道路早已经被清楚地勾勒出来：对未来进行乌托邦式的设计必须要有详细的计划和纲领才行，有其具体的发展内容，同时排除一般意义上的意识形态的干扰。曼海姆的说法表明，他清楚地了解到，在理性规划未来与对发展中社会的关注度之间，是存在着某种不一致性的，这种不一致性代表了一种危险，对于现实进行不断重组这个过程来说，不一致性是唯一的威胁和恐吓。

即便是在韦伯的理论著作所采用的假说中，曼海姆的理论也是成立的。如此说来，曼海姆对于意识形态的批判与把以政治干预手段来左右系统的发展动力说成是科学的方法，二者在本质上是一致的。

2. 意识形态的复杂性

如果现在的主体是一个体系，摆脱了价值而获得的自由就等同于摆脱了主体性本身而获得的自由。价值的相对性绝对不可以再成为崭新的“神圣科学”的研究对象。知识理论活动中神圣性的丧失只不过是一个必要的前提条件，只有这样，出现在体系中自我——理性化过程的各项活动才能

[1] 见曼海姆（K. Mannheim），《知识的社会学》（*Wissenssoziologie*），《社会学词典》（*Handwörterbuch der Soziologie*），斯图加特，1931年；韦伯（M. Weber），《政治学文集》（*Gesammeltepolitische Schriften*），第2版，图宾根，1958年。

够发挥正确的作用。这也正是历史上出现的那些前卫艺术运动的主要目标。未来主义和达达派的特定目的就是要破除价值的神圣不可侵犯的特性，并把这样的做法看作是一种全新的价值，一种不同于任何其他价值的价值。对于胡戈·巴尔（Hugo Ball）或者查拉（Tzara）来说，嘲讽、摧毁整个西方资产阶级文化传统是让该文化中被压抑的潜能得到释放的准备活动。或者换一种说法也许会更恰当一些，这些获得新生的资产阶级具有一种能力，他们能够全面地接受高涨的革命热情，有准备地追求永恒的改变，时刻准备着应对那些意想不到的情况，但是，这样做的前提就是保持一种怀疑精神。

“达达派的革命”恰恰就在于它有勇气，它在奋力地揭露一个矛盾，而这个矛盾就是一个敢于与现实相对立的系统。在这一点上，达达派的革命要远胜于超现实主义派的革命。从这层意义上来讲，它摆脱了价值的束缚，它代表了在这样的现实中为采取行动建立了的准备条件，让那些犹豫彷徨、飘浮不定、模棱两可的势力尽快采取行动。正是基于这样的原因，那些把达达派和未来主义说成是非理性的自我炒作，或者说它们在虚幻地追随上帝升天（cupio dissolvi），这样的解释可以说完全是错误的。对于先锋派运动来说，彻底摧毁价值观念实际上是创造了一个崭新的推理体系，这个体系可以勇敢地面对负面的东西或者现象，让它们成为社会发展无限潜力的减压阀门。先锋派所表现出来的这种玩世不恭，其实不外乎是社会发展的意识形态在个人与集体行为的革命性变革中、在争取对现实的存在实行全面控制的努力中所表现出的一种“气质”而已。

瓦尔特·本雅明（Walter Benjamin）所说的“神韵的完结”概念最准确地说明了这一点，就是在全面理性化的复杂机制中加入了主观上的因素，但是同时又反过来用明确的“理性化的道德观”彻底地衡量自己。资本的集中过程、资本的社会化程度以及资本不断上升的内部有机构成，这一切都离不开所谓的这样一种道德观。它不再是来自于外界的超然观念；它也远离了意识形态观念的那种相对性。发展所带来的道德观必须与发展本身同时获得实现，而且就在发展的过程中实现。从机器的束缚中解放出来，这样一个愿望只能从对未来的精确描述中产生。

在先锋派运动中，还从来没有出现过哪一派，他们的“政治”主张不是宣称要从劳动中解放出来，无论是明确的宣言，还是间接的暗示。柏林的达达主义、意大利未来主义的马里内蒂（Marinetti），以及瓦伦丁·德·圣-蓬（Valentine de Saint-Pont）的“豪华奢侈的宣言”，无一不是如此。[1] 最有意义的一点是，为了达到这些先锋派们所提出的这些目标，他们所采用的方式恰恰证实了它是劳动阶级的意识观念，苏维埃时期的工业产品艺术和构成派艺术最能代表这一类观念。所谓的“构成派”，这个词本身具有积极、主动的意思。中文里的“构成派”翻译，则是失去了这层充满了政治意味的含义。这个矛盾是可以被接受的，因为他们所主张的“新型劳动”都是集体劳动，其中最有意义的部分是，它们都是计划中的劳动。[2]

---

[1] 尤其需要参考霍尔森贝克（R. Huelsenbeck）的《前进，达达！ 达达派艺术的历史》（*En avant Dada: Eine Geschichte des Dadaismus*），汉诺威-莱比锡-维也纳-苏黎世，1920年；以及瓦伦丁·德·圣-蓬（Valentine de Saint-Pont）的《欲望的未来主义宣言》（*Manifesto futurista della Lussuria*）巴黎，1913年1月11日。

[2] 关于这一点，参看达尔科（F. Dal Co）的重要论文《前卫派的技巧与20年代苏联的建筑艺术》（*Poétique de l'avant-garde et architecture dans les années '20 en Russie*），VH101，1972年，第13至50页。

在 20 世纪的头二十年里，欧洲先锋派们的努力就是发动攻势，打破过去被奉为神圣的东西，而这样的攻势完全是基于对知识分子的理论工作全新职责的认可。社会发展的动力和辩证规律已经被人们发现了，为了防止不断出现的内耗危险，制定一个计划就成为不可或缺的步骤。也就是通过这样的方式，先锋派在打破旧秩序，揭露现实的“荒谬性”的过程中，让自己投身于一场运动，从意识形态角度提出对未来的期待，进入一个充满政治偏好和党派色彩浓厚的乌托邦式空想（partial utopias）的计划。

到这时，意识形态完全彻底地以一种矛盾对立的辩证形式出现，它建立在否定的基础之上，让矛盾成为发展的推动力量。它承认了整个系统的真实性是建立在矛盾的存在这个起点之上的。这样一种矛盾对立的辩证法不再需要不断地回归到意识形态的层面加以讨论。意识形态不再是对一个行为模式进行抽象的概括，而是确定了资本主义生产和计划策略之间的相互关系。这样的意识形态彻底地抛弃了任何乌托邦式的空想成分，也排除了意识形态自身的发展机会。也就是说，在一个具有强制性的价值体系的系统内部，意识形态的任何演变只能是简单重复地复制自己而已，不会有任何发展和变化。意识形态只能在以往曾经经历过的各个阶段之间打转，因此，它会不断地发现，自己的最高形式就是进行矛盾的调和。充其量，只是把意识形态运用到多种不同的专业领域里面的时候，也许会在“技术”上取得一定的进步是有可能的。问题的本质是，我们必须要搞清楚，意识形态在不断地重复延续自己的时候，它在什么样的范围或者程度上，仍然能够保持着自己在资产阶级—资本主义体制形成的初期和稳定状态中的那个关键角色。

即便是当意识形态被提升到它的最高阶段，也就是在它的现形式为乌托邦式空想的时候，它与发展到相当程度的资本主义体制之间也总是存在着矛盾的。如果仍然只是说负面的东西是这个体制固有的一部分，那么实际上这个说法已经根本没有什么意义了。现在的问题都是以很具体的“技术性”问题的面貌出现的。在经济和生产的基础之上，这些问题的关键就是非常具体地找出一些真实的因素，正是因为它们的存在，才让那些负面的特质在整个系统发展过程中发挥着“必不可少”的作用，使它成为整个系统固有的成分。[1]

人们需要的不再是黑格尔，而是凯恩斯；不再是那些毫无实际效果的关于计划的意识形态理念，而是在社会发展中所出现的实实在在的具体计划；不再是追求类似罗斯福新政式的全新政策（the New Deal）之类的意识形态观念，而是后凯恩斯主义的经济体系。意识形态在变为具体化之后便失去了乌托邦空想的所有特征，它现在走下神坛，委身于各个行业的实际操作当中。这也就等于说，意识形态已经被彻底地战胜了，被实际操作所降伏。

3. 乌托邦空想的危机

资产阶级关于“意识形态的危机”的全部言论，其目的就是要掩盖意识形态已经被战胜的事实。 他们对这个危机所表现出的哀恸只能说明，他们对于过去文化传统所怀有一种扭曲了的怀旧情绪，而那种传统正是建立

[1] 这类理论中比较有代表性的是阿本德罗特（Abendroth）和达伦多夫（Dahrendorf）关于有必要在工厂和社会中引入竞争机制的论述。见达伦多夫的《社会各阶层和工业社会中的阶级冲突》（*Soziale Klassen und Klassenkonflikt in der industriellen Gessellschaft*），以及阿本德罗特的《对立的社会和政治的民主》（*Antagonistische Gesellshaft und politische Demokratie*），新维德 - 柏林，1967 年。

在毫无实际意义的抽象的“文化”（Kultur）无效性之上的。

计划，它一方面对于支持自己的现行机制表示认同，同时另一方面，它本身也成为一种特殊的机制。这时，资本通过其内部的运作手段和规律确立起自己的全面主导地位，它不需要借助于任何外部的手段来证明自己的正当性，它也不需要把任何“抽象”的道德理念、任何意识形态观念或者任何“属于自己的责任”作为自己的目的。

然而，在20世纪的头十年里，众多的知识分子和理论家们，他们都有着某些共同的期待。韦伯、马克斯·舍勒或者曼海姆等人的理论所主张的方法论中“必要的” 重点转移，凯恩斯理论以及后来的熊彼特的理论回归经济计划思想，实际上是假设了资本运作在全面地左右经济活动中达到了极高的程度，甚至先锋派把意识形态理念作为社会行为的基本准则加以提倡，这些说明了传统的意识形态观念到了这时应经转变为一种乌托邦空想。伴随着全球理性化、辩证关系中积极正面因素占上风，社会发展的最终阶段便会出现，而这时的空想就是对这个阶段的憧憬和预想。

把上面这个概括用在韦伯和凯恩斯的理论身上似乎并不完全合适。实际上，那些仍然带有乌托邦空想色彩的东西不过是以前遗留下来的残余而已。一旦资本解决了建立起新的机制这个问题，让自身内部的矛盾成为推动发展的一股力量，那么，这种残余又立刻被转化为一种强有力的动态模式。这样，各种经济模式其实来自于危机，而不是抽象地反对危机。很显然，现代的各种“充满矛盾的”意识形态理念是不可能置身于积极实现辩证法这个过程之外的。

由此带来的结果是，在20世纪最初的十年里，知识分子的理论也发生了剧烈的分化，各自扮演了不同的角色，每个零散的群体发挥了不同的作用。在资本主义发展进程当中，对于经济周期和应该如何制定发展计划，理论家们并没有一致的结论。但是可以肯定的是，所有的学说都十分勇敢地承认自己是为资本主义服务的科学理论，也是这样发挥自己的作用的。这些学说和理论彻底地摆脱了落后陈腐的单纯的意识形态说教。从此，乌托邦空想只能不断地取代自己 。

这样，一种社会机制从技术上能够让计划得到实现，而另一种社会机制则掌控着它的发展动力。随着两者之间的鸿沟日益加大，综合理论与乌托邦空想也就注定要各自走向极端。

自从 1917 年以及凡尔赛公约签订之后，客观存在的历史现实是，这种意义深远的矛盾极大地推动了欧洲和美国的资本主义社会的发展，而矛盾中的这些趋势让人们完全充分地体验到了 。有人幻想着经过有意识地操作来让资本主义改变自己，使之通过某种全新的机制而变成一种具有社会责任的资本主义，使之能够完善自己的周期、避免周期性的危机、并能够得以持续发展，这样的幻想完全是违反历史发展现实的。

但是，假如对这个历史时期一概而论，过于强调发展中的不平衡、政治环境的落后、20 世纪 20 年代的各种内部争论，认为那个时代仅仅间或出现过一些零星的具有普遍意义的真知灼见，那么，这样的观点也将是虚假的客观判断。

然而，为了我们的分析工作得以进行，从这样的角度来看待这个问题的话，我们必须要强调，知识分子所担负的理论工作在相当大的程度上似乎是努力建立某些假说，意在重新界定文化工作本身。在面对是否应该让理论问题变成政治的问题这样一个核心问题的时候，知识界的每个人都必须做出选择，坚持自己的立场。这是问题的根本所在。先锋派在这时认定了自己是这场“拯救社会”运动的领军人物。

现在让我们来比较一下在这个问题上出现的明显无法调和的两个观点。

1926 年，维克托·斯科洛夫斯基（Victor Sklovsky）为了强调文学艺术的绝对独立性，强调文学是一种“词语的艺术”，不应该受到文学之外的其他任何因素的干扰。他说：“我们未来主义者把我们的艺术同第三国际联系到一起。但是，同志们，这样的做法是向个别人的意见投降！这是别林斯基 - 文格罗夫（Belinsky-Vengerov）的论调，都是些俄罗斯知识分子们鼓吹的动人故事而已。”[1] 斯科洛夫斯基为了明确地表明自己反对“为政治目的”服务的艺术，反对以马雅可夫斯基（Mayakovsky）、《左派》杂志为代表的鼓吹宣传和煽动性质的艺术，他曾撰文说明，“我不希望以艺术的名义为艺术作辩护，但是却必须要以宣传的名义来为宣传说几句话……通过歌曲、电影、艺术展览等方式来鼓动和宣传其实是一点用处也没有的。这样的做法在毁掉自己的同时，它们的作用也就完结了。（所以）为了鼓动和宣传着想，请让鼓动和宣传远离艺术！”

1924 年，安德烈·部雷顿（André Breton）发表了他的第二篇《超现实主义派的宣言》（*the Second Surrealist Manifesto*）。他在宣言中显示出他已经认识到“思想活动一方面是在完美的独立体系内活动，同时另一方面它又依赖于其他事物，思想活动只能是在这二者之间摇摆，不可能有别的状态”。在部雷顿看来，这样的矛盾无处不在，一方面缺之不可，另一方面却又无法克服。因此，他认为：“文学艺术既是无条件的，也是有条件的，既是空想的，又是现实的。文学只能是把自身视为自己的目的，它

[1] 斯科洛夫斯基的《乌拉，乌拉，火星人》(*Ulla, Ulla Marziani!*), Chod Konja, 莫斯科 - 柏林, 1926 年。

除了服务于自己之外，别无他求。”

针对部雷顿的这番话，恩岑斯贝格尔（Enzensberger）的评语是：“超现实主义艺术家们都把化圆成方的命题当成了自己的实践纲领”[1]。但是，超现实主义的纲领并不是仅仅专属于这一艺术流派一家，而是在历史上曾经启发了各路各派前卫艺术家、理论家们，大家都试图想方设法地摆脱政治现实强加在艺术身上的桎梏，目的是努力捍卫艺术理论的最后一点领地，并以此作为根据地，来守护在体制形式下的知性的思考和理论方面的工作。

在现实世界里，斯科洛夫斯基和部雷顿的宣言并不是要同“先进的”意识形态唱反调，他们并不想开历史的倒车。从 根本上讲，形式主义（Formalism）和超现实主义（Surrealism），在保护艺术理论的“专业性”方面是一致的。它们二者之间的差别是，前者采取清楚、明白的态度来坚持自己过去的立场，不在意别人说自己是守旧势力，跟不上时代的形势（至少在 1926 年的时候是这样的）；而后者则故意把自己塑造成知识界的“坏孩子”形象，做出一副叛逆的样子。

4. 建筑艺术的发展走向

形式主义，连同在视觉艺术和文学艺术领域的那些抽象的先锋派，形成了一个重点在于艺术作品的语言问题的流派；而超现实主义，连同所有的“认同此理想”的先锋派，把自己的追求直接当作一种政治干预。

我们在这里看到了两种发展走向，它们彼此发展方向不同，但是互为

---

[1] 恩岑斯贝格尔，《老生常谈，关于最新的文学发展现状》（*Gemeinplätze, die neueste Literatur betreffend*），课本（Kursbuch），法兰克福，1968 年。

补充。

第一种倾向，知识分子对自己理论工作的自我认知是：这些成果在本质上只是单纯又简单的理论，因此是不可能成为服务于任何一种革命运动的东西。大家十分清晰地认识到，这样自成体系的理论都是相对的，只有把它应用在政治和经济领域的那些赞助人，才有能力让这些知识领域的各种尝试被赋予自己的意义。

第二种倾向，理论工作宣称自己代表纯粹的意识形态立场，坚决否认自己的理论仅仅是单纯的知识理论而已。它希望自己能够成为现有的政治组织结构的某种替代品，或者说，它希望能够从政治组织内部来肯定或批判它。然而，知识理论工作的目标就是跳出生产工作的过程，站在它的对立面，作为它的一种批判的意识而存在。

因此，如何在这二者之间取得某种妥协，自然就成为下一个问题。这是本雅明所不断追寻的一个重要的主题，是具有浓厚左派思想的构成派在艺术与建筑方面所追求的主题，是社会民主政党对城市进行管理时采用的技巧和手段所反映出来的主题，也是 20 世纪 30 年代欧洲中部那些国家希望通过城市建设来体现的乌托邦思想。

实际上，这两种发展倾向所代表的终极意义只有一个：先锋派理论家必须要占据一个领域，而这个领域，直到现在，一直是他们这些人在有意识地加以回避的地方：这就是作品本身。理论家无法对创作出自己的作品一事继续保持视而不见的态度，而这样的做法又是他们在过去确保自己理论研究具有神圣性的关键，所以现在的先锋派理论家已经别无选择，虽然不情愿，也只能自动地从神圣的地位向下坠落。但是同时，这也暗示了理论家传统角色的削弱。本雅明所谓的“神韵的消失”并不只是由在艺术作品的加工中引进了全新的生产方式所导致的，同时也是由艺术家有意识的主动追求造成的。隐藏在这样的主动追求里面的是一种强烈的求生愿望，那是艺术家们在现有机制遭到“否定思想”的猛烈攻击之下，试图求生的一种愿望。

5. 工业界对艺术的渴望

20 世纪二三十年代，工业界代表资本中最先进的领域，曾经向知识分子提出过自己的呼吁，这一点也不应该忽略。德国企业家瓦尔特·拉特瑙（Walter Rathenau）和美国企业家福特（Ford）都曾经很明确地向知识分子喊话。亨利·福特说：

> 我们在工业界的关系中需要艺术家。我们在工业的技术中需要艺术大师——无论是从工业生产制造者的角度来说，还是从产品的角度来说，我们都需要艺术大师。我们期望这些大师能够把政治因素、社会因素、工业因素以及道德因素都融汇到一个有意义、造型完整的作品中去。我们过去曾经对创造力限制过多，也曾经把艺术应用于微不足道的领域。我们现在需要的是这样的人：他们能够为我们所有的人创造出有实用价值的设计，这种作品既恰如其分，又品质优良，而且是我们的生活缺之不可的东西。[1]

福特并不是假设知识分子艺术家应该直接介入对生产过程本身的管控，但他明确地提出了自己的期望，他希望艺术家和知识分子能够在这个

---

[1] 福特（H. Ford），《我的一生和我的工作》（*My Life and Work*），纽约花园城市 Doubleday, Page & Co. 出版社，1923 年，第 104 页。

生产过程中发挥出自己的才智，让生产过程“获得一定的意义”。当意识形态方面的理论进入到工业生产过程中的时候，它必然会面临着欢迎与排斥两种态度。一方面，人们所追求的是一种普遍适用的模式。这就要求纯理性的理论必须要与社会的各项需求相一致：新型模式必须能够满足特定的时代需求，既包括满足新的生产方式重组所提出的要求，同时也包括产品在流通过程中所提出的要求。另一方面，意识形态观念直接影响到产品消费的社会化效果。知识分子和艺术家的工作已经成为创作并制作作品的生产环节，但是并没有完全变成单纯的制作作品的状态。因此，他们被迫必须让自己的意识形态方面的创作发挥更多的作用。

从这个角度来看，第一次世界大战结束之后，德国左翼知识分子所提出的若干建议，瓦尔特·拉特瑙通过《新经济》（*Die neue Wirtschaft*）一书与之进行过多次非常有意义的交流。拉特瑙在1918年的时候在书中说道：

> 我们将要达到的一种秩序将会是一个私有经济体系，与现有的体系相类似，但是绝对不是那种没有管控的私有经济体系。它必须是充满了人们集体意愿的体系。在今天，任何负责任的人类活动都是由大家联手完成的，这样的活动都体现了人们的这种集体意愿。

因此，这个新体系实际上就是让“民主的资本主义”建立起一个思想基础，并在经济理论以及城市形态理论的发展中，产生直接的影响。实际上，拉特瑙还写过下面的话：

> 任何城市里新发生的繁荣，一定是以城市脚下这片土地为其繁荣基础的。土地本身既不是生来就是为了让建造商在上面建房子并从中赚取数以百万计的暴利的，也不是生来就是给人去倒买倒卖

> 建筑基地的，或者给人去炒房地产，或者让人成为靠收取房屋租金敛财的恶霸……相反，在今后不出几代人，我们将在上面建设新城市的这片土地，没有别的出路，只能变成由城市政府自由支配的公有财产。只要是我们的建筑艺术对于城市街道仍然保持一种漠视的态度，这个现象就是一个明证，并时时提醒我们，我们现行经济思想中的某些概念还有考虑不周全的地方。我们当前对经济的认识，让我们赋予了垄断寡头们巨大的权力，由他们自己随心所欲地对公共土地资源进行掠夺，对于他们在公共土地上进行的投资活动，我们却又对他们回报以数以百万计的金钱收入。

拉特瑙的这些言论所表现出来的，是他对垄断寡头的痛恨，这其实一点儿也不奇怪。对于这个现象，卡恰里曾经一针见血地指出：

> 资本家出手反击，这让资本家自己去了解并修正自己对于“社会主义者的”策略到底是什么的认识。社会主义，作为一种发展迅速的理念，作为对工业结构进行重新组合的力量，作为国家政权对于经济周期规律的干预而出现的，但是，最重要的是，社会主义是作为保障人们生活和工作的普世价值而出现的……1918—1921年，德国一些大型的资本所奉行的社会主义的做法，使得自己与政府和代表工人利益的工会、行会之间形成了十分有机和谐的关系。但是，当工人阶级自治团体对企业的威胁被瓦解之后，这样的和谐关系也就不可避免被冷酷地抛弃了，资本又可以按照自己的周期规律来直接对社会的管理和组织重新发号施令了。

第四章　先锋派自身的矛盾辩证关系

1. 建筑理论家的批判

有那么一个特定的地方，在那里，“理性的没落”一直赤裸裸地展现在人们面前：这个特定的地方就是我们的大都市。在格奥尔格·西梅尔（Georg Simmel）、韦伯、本雅明的著作中充满了大都市这个主题，而这些思想家的理论学说明显地对建筑师和建筑理论家，诸如奥古斯特·恩德尔（August Endell）、卡尔·舍夫勒（Karl Scheffler）以及路德维希·希尔伯塞默（Ludwig Hilberseimer）等人，产生过巨大的影响。这一点绝对不是偶然的。[1]

皮拉内西在自己的画中所预言的那种“杂乱和错位”，现在都已经变成了悲哀的现实。这种悲哀的体验和经历正是我们在大都市生活中的切身体验。

当面对都市中这种无法避免的悲哀体验的时候，知识分子理论家甚至已经无法采取一种类似于诗人波德莱尔（Baudelaire）所描写的那种事不关己的旁观者态度来对待它了。

正如拉迪斯劳·米特纳（Ladislao Mittner）在针对德布林（Döblin）

---

[1] 恩德尔（A. Endell），《城市之美》（*Die Schönheit der Großstadt*），斯图加特 Strecher und Schröder 出版社，1908 年；舍夫勒（K. Scheffler），《城市的建筑》（*Die Architektur der Grosstadt*），柏林 Bruno Cassier 出版社，1913 年；希尔伯塞默（L. Hilberseimer），《大都市建筑艺术》（*Grosstadtarchitectektur*），斯图加特 Julius Hoffmann Verlag 出版社，1927 年。

的书进行评论的时候，曾经相当贴切地说的那样，他的故事描写的都是“消极抵抗的神秘性”（the mysticism of passive resistance），而这个神秘性恰恰代表了表现主义艺术理论家（the Expressionist）所做出的抗议：“反抗的人会失去这个世界，这同那些试图跟着走的人也同样会失去这个世界，没有什么两样。”[1]

无论波德莱尔如何保持与民众群体的距离，他的写作却总是彻底地置身于其中，诗人会让自己变成其中的一分子，他是平民大众固有的一部分，我们很少看到他用文字来描述这个群体……波德莱尔不会用文字去描写城市中的民众。也恰恰是因为避免直接的描述，他的作品总是能让我们自己在其他的景象中看到自己。他作品中的民众从来都是大城市中的民众；他作品中的巴黎从来都是那样的拥挤不堪。这也是为什么波德莱尔要比巴比埃（Barbier）高明的原因。巴比埃的作品总是用叙述手法描写民众与都市，却总是让二者彼此分离。在波德莱尔的作品《巴黎景色》（*Tableaux parisiens*）中，我们总能感觉到隐藏在背景里的都市人群。

真正的生产关系存在于城市“公众”的行为之中，或者更应该说，是公众行为当中的固有元素，而城市中的这些公众却浑然不知自己已经被城市所利用，就好比是波德莱尔作为观察者的存在一样。作为观察者的诗人不得不承认，自己在一个商业化的环境中扮演了一个不能持久的参与者，也正是在那同一时刻，他发现，诗人唯一不能避免的就是他必须出卖自己才能生存。

波德莱尔的诗歌就好比是万国博览会上的工业产品一样，或者好比

---

[1] 德布林，《王伦的三次起义》（*Die drei Sprünge des Wang-Lun*），1915 年。参见米特纳，《表现主义》（*L'espressionismo*），巴里拉特查出版社，1965 年，第 96 页。

是经过豪斯曼大规模改造过的巴黎城市形态一样，它们标志着对那种复杂的规律性与多变性的错综复杂性有了一种崭新的认识。尤其是在资产阶级新城市的整体结构中，至于常规和特例之间的紧张关系是什么，我们仍然不能明确地加以描述，但是，我们却可以很明确地指出另一个紧张关系，即介于商业化活动中的客体与试图恢复主人地位的社会主体之间的紧张关系。不过，所谓的恢复社会主体的主人地位的想法其实不过是一个天方夜谭罢了。

但是在眼下，找寻主体的权威性已经没有别的办法，剩下的只有去寻找一些怪异的与众不同而已。当今不仅诗人被迫接受小丑弄臣一样的社会角色，而且整个城市都是如此。城市的整体机制正如同一部榨取剩余价值的精密机器一样，让城市的运作与工业生产过程毫无二致。

虽然工业生产活动仍然是手工操作，但它却让人们逐渐失去了自己的技巧和手艺。本雅明把这样的演变过程与人们对城市的典型体验紧密地联系起来。

缺乏特殊技艺的工人是被机械操作训练贬值最厉害的一批人。他们的工作与过去的经验几乎没有任何关系。个人的技巧在这里是不需要的。游乐场里面的那些飞快旋转的笼子以及各种娱乐设施，它们的操作都是为了满足不同人的喜好而已，这同工厂里缺乏技巧技能的工人的处境是一样的……爱伦·坡（Allan Poe）的作品清楚地展现了随心所欲的行为与规范准则之间的关系。那里面的路人都好像是除了一些身不由己的机械动作之外，别的都一概不会，每个人都不知道该如何表达自己，他们的行为举止都是被动地对周边的某些刺激做出本能的反应而已。“假如被他人推撞了一下，那么他们就会很慷慨地向推撞自己的人作揖鞠躬……”

尽管本雅明的观察可以说是入木三分，但是，无论是他关于波德莱尔的文章，还是他的《机械复制时代的艺术作品》（*Das Kunstwerk im Zeitalter seiner technischen Reproduzierbarkeit*），波德莱尔都没有把现代生产方式对城市形态的影响同先锋派运动对城市的设想联系起来。

2. 先锋派对城市的认知

巴黎的大百货商场以及室内大商业街看上去都如同大型的万国博览会一样，这些地方的拥挤人群也成为人们观赏的对象。这些地方正是民众从空间上和视觉上体会和感悟从资本的观点出发所进行的自我教育的手段。[1] 但是在整个 19 世纪，这类集娱乐和学术于一体的建筑体验仍然暴露出它的范围十分狭隘，这是由于它的建筑类型过于特殊。在这里，民众共同的意识形态理念还没有作为商场建筑的最终目的而得到体现。这时的商场仅仅是人们对城市的理解发展到某一个特定的时刻而出现的结果，它只是作为一个严格定义中的生产单位而出现的，与此同时，它也是协调完成“生产—分配—消费”这个周而复始过程的一种工具和手段。

这也是为什么，在消费还远远不能构成生产组织的一个环节的时候，或者说还不是生产组中的一种后续瞬间，消费观念的意识形态就必须向广大民众推介，并把它当作正确使用城市的一种意识形态。或许现在是一个恰当的时机让我们来回忆一下，人的行为是如何影响欧洲先锋派大师们对城市的体验和认知的。很有代表性的一个例子就是卢斯（Loos）在 1903 年

[1] 在公众意识形态的兴起和大博览会的规划之间是怎样的一种关系，这一点已经在阿布鲁泽塞（A. Abruzzese）的论文《表演和异化》（*Spettacolo e alienazione*）中得到深入的分析，见《反对计划》，1968 年第 2 期，第 379 至 421 页。

从美国回到维也纳之后发表的两期 *Das Andere* 周报，卢斯在报纸上用批驳和讽刺的口吻向维也纳人介绍了城市居民的“现代化”生活。

当拥挤人群的体验成为一种持久的参与意识的时候——就如同波德莱尔的作品里描写的那样——这种体验便把某种一般的概括当作是一种可以操作的现实，但是又不能使它有所提高。相反，在这个时候，也只有在这个时候，当代艺术语言方面的革命开始发挥它们的作用。

在不间断地出现的各种冲击中处变不惊，能够让自己免于干扰；根据自己的这种超然的体验，在资本主义社会的大都市演变和重组过程中确立一套自己的视觉艺术准则和行为准则，大都市以其快速的变化、整合，各种信息的交流同步发生，城市的快节奏和杂乱折中而著称；把人们对艺术的体验和欣赏变成对单纯实物的欣赏，这也可以是对物品商品化的具体比喻和象征；民众在消除阶级差别、反对资产阶级意识形态的号召下形成自己的联盟，积极参与城市的活动。以上这一切，恰恰是 20 世纪先锋派人物的共识，他们把实现这些目标作为自己义不容辞的责任。

在这里，塔夫里坚持向读者再强调一次：所有的先锋派人物，不分派别，无论他的态度是“富有积极意义的建设性”的构成派，还是各种叛逆的造反派，塔夫里对他们都是不加以任何区别的。立体派（Cubism）、未来派（Futurism）、达达派（Dadaism）等，它们一个接一个地在历史上出现，就像工业产品根据产品生产的普遍规律而出现那样，其根本就是追求不断的技术革命。所有的先锋派运动所遵循的根本原则就是采用零部件的组合来完成一件完整的作品，这个结论绝对不仅仅局限于绘画领域。由于用实物组合起来的作品最终仍然属于真实世界的一个客观存在，因此，画布就成了一个中性超然的领域，艺术家可以借助于绘画手段来探索城市带给人们的各种冲击。如此一来，问题就变成了让人们形成一种信念，在这种信念的指引下，当冲击来临的时候，人们不再感到“剧烈的冲击”，而是把它看成是不可避免的一种客观存在和现实，试着去接受它。

关于这一点，格奥尔格·西梅尔的一段话对我们非常有启发。在观察所谓“大都市里的人”具有怎样的性格的时候，西梅尔认真分析了大城市里每一个个体的人所具有的行为特征，并把城市里的人称作“金钱经济”的载体。城市中那些“大量涌现的新形象，一眼望去毫无连贯性的跳跃效果，无数吸人眼球的视觉冲击”让人们的神经系统总是绷得紧紧的，没有一丝放松的机会。西梅尔认为，这种现象是导致大城市里的人们对一切保持一种冷漠、视而不见态度的根本原因。用西梅尔的话说就是，“大都市里的人都是没有品质可言的”，这样没有品质的人对价值判断当然也就没有任何感觉。西梅尔注意到：

> 对一切表现出冷漠的态度，其根源就是对于自己喜欢或者厌恶的东西不敏感。这并不是说这些人和白痴一样，对自己观察的对象没有感觉，而是说这些人只是对自己观察的对象不了解，不了解它们的含义和差别，进而也就等于说是对这些对象本身不了解，因此，这些人就无法真实地感受到并把握住这些对象的具体内容。在大城市生活的人看来，一切都是很均匀的灰色的调子，一切都是平的；他很难说出其中某一个值得自己去多关注一点的地方。这种状态实际上是人们在主观上对于一切向钱看的封闭金钱经济最真实的反映……一切的一切，在金钱这个河流中不间断地漂过的时候，它们的重量是均匀的。所有的一切彼此间没有本质的差别，

唯一的差异就是它们各自所覆盖的面积的大小。[1]

马西莫·卡恰里（Massimo Cacciari）对于西梅尔的社会学理论所具有的特殊意义作过很深刻的分析。[2] 对于我们眼下讨论的内容来说，最值得注意的一点是，西梅尔在1900—1903年所写的关于大城市的论述，其核心问题正是近代历史上那些先锋派人物所关注的实质内容。城市中的一切都在同一个水平面上漂流，所有的东西都具有相同的分量，都在金钱经济体系中不停地运转：这种现象难道不正是对施维特斯（Schwitters）系列拼贴画作品 *Merzbild* 的精准文字描述吗？我们不应该忘记，Merz 就是商业这个单词的后半部分。现在问题的关键是，如何把人们神经紧张的生活状态（Nervenleben）真实生动地表现出来；如何把城市带来的冲击变成崭新的具有动感活力的发展新原则；如何最大限度地“利用”人们“不关注价值”

[1] 西梅尔，《大都市和精神生活》（*Die Grossstädt und das Geistesleben*），德累斯顿，1903年。

[2] 卡恰里，《关于大都市时代里的消极意识形态：评论格奥尔格·西梅尔）》（*Note sulla dialettica del negative nell'epoca della metropolis, Saggio su Georg Simmel*），该文发表在《新天使》（*Angelus Novus*）上，1971年第21期，第1页。卡恰里是这样说的：“金钱经济的国际化过程是西梅尔分析中确凿的关键点。也正是从这个关键点开始，这个辩证的过程开始得到具体的实现，而在此之前起到决定性作用的要素一般说来就再也不算数了。当各种起因经过理论化变成行为习惯之后，这时，也只有在这时，精神文明（Vergeistigung）才有可能实现，也只有在这时才不会有任何个人不受它的约束。为了证明这一点的有效性，形式的主导性就必定通过最明显“怪异”的行为举动来加以强调，而形式的来源正是对大都市本性的抽象概括和计算……厌倦（blasé）的心态确定了人们对差异的错觉。它不停地释放出紧张的信号，总是在寻找快乐，这说明它是脱离了具有个性的具体对象，完全只是抽象的经验：“任何一个对象都不应该得到任何偏爱”（西梅尔语）”。卡恰里还说：“理论化、精神文明和商品化，这些都是因为厌倦的心态才被集中到了一起；也因此，大都市有了属于自己的‘类型’，城市的整体结构‘从一般意义上来讲’，才终于变成了一种社会现实，才变成文化的既成事实。最能代表其中权威性的标志就是金钱。”

的苦闷心情来不断地催生和培养大城市的全新体验。现在非常有必要舍弃蒙克的《声嘶力竭》，转而接受埃尔·利西茨基（El Lissitzky）的《两个正方形的故事》（*Story of Two Squares*）。这就是说，我们有必要抛弃因为失去价值判断而产生的困惑与苦闷，从而把全新的纯粹抽象符号当作艺术语言来使用，这样一来，我们就可以让广大民众了解到，大家所接受的世界完全是抛弃了任何个性特征的金钱经济体制。

社会生产所遵循的规律也因此成为普遍遵循的一套全新规则，而且很明确地把这些新规则当作“天经地义”的自然法则来看待。这也就是为什么先锋派领袖们不试着去修补一下自己与社会大众的关系。他们不但不进行修补，而且让这类问题被提出来的机会都没有，直接将其屏蔽掉。这些先锋派领袖除了不遗余力地讲解什么是必不可少的工作，什么是放之四海而皆准的工作之外，别的一概不予考虑，而且对于暂时不能获得民众的认同也持无所谓的态度。他们深信，与过去传统的决裂是自己最关键的价值所在，而这个价值就是树立了今后行动的样板。

艺术就这样变成了采取行动的一个样板。这是现代资产阶级希望能够让艺术获得再生而构想出来的基本指导原则。但是，它同时又是一个具有绝对权威的教条，不允许任何人挑战它，于是便产生出一个全新的矛盾，而且这个矛盾是无法被掩盖的。生活和艺术已经很明显地成为互相对立的矛盾双方，所以在这二者之间要么找到一种调和的手段，找到调和的手段也就意味着艺术创作接受了与生活矛盾这样的现实，把这个矛盾作为自己进行艺术判断的全新伦理基本点；要么让艺术成为生活的一部分，而让艺术变成生活的一部分，则是准备接受黑格尔的预言，即便是他预言的艺术之死亡（death of art）因此成为现实也在所不惜。

3. 艺术形式的探索

在这里，艺术与生活的这种对立关系让属于过去传统观念上的资产阶级艺术一下子归于同一个大类。我们在开始的时候谈到皮拉内西的艺术，那是一种既不属于普天之下人人接受的艺术，也不是上流社会的艺术。它带给我们的启示现在就可以看得很清楚了。由乌托邦空想引发的批评理论、带来的问题，以及不断上演的许多剧情跌宕起伏的艺术运动，这一切都构成了“现代运动”最基本的组成部分。现代运动在教育和培养“上流社会的人”这一大前提下，实际上具有自己很强烈的内在一致性，这一点是绝对不容否认的。即便是对于当前的历史研究还没有认识到这样的一致性，它的这个特征也是不容否认的。

尽管皮拉内西凭想象画出来的所谓设计，即那个著名的“战神广场”，是从建筑设计和城市规划方面入手，毕加索的《拿小提琴的女人》（*Dame au violon*）是从人们的某些姿势动作入手，但是，这两位艺术家的作品都属于“艺术创作”的实践。尽管两个人的具体做法有所不同，皮拉内西在自己的铜版画中使用了不少历史性建筑的词汇，毕加索的画作则采用了全然不同于以往的新手法，但是归根到底，二者都采取了“语不惊人死不休”的夸张手法，目的就是要对人们的感官产生冲击效果（继毕加索之后出现的杜尚、豪斯曼、施维特斯等人所采取的手法就更加夸张了）。他们两个人的艺术实践揭露出机器时代的一个基本事实：机器时代的社会作为一种抽象的形象，当它在 18 世纪（皮拉内西的时代）出现的时候，人们还持有一种惊讶恐惧的态度，但到了当代，毕加索的画作则彻底地表现出机器时代的一种现实。

但是，更为重要的是，皮拉内西和毕加索通过各自夸张的手段，在各自的领域内所进行的艺术实践，对艺术形式进行了批判性的探索。这里面最为重要的意义在于，他们把本来属于很“个人化”的行为演变成了一种具有代表性的“普遍倾向”。然而不仅如此，立体主义的绘画所体现的“创作思想”实际上远远超出了绘画的范围。

布拉克和毕加索于 1912 年开始采用的手法包括使用现成的物品和构件来制作自己的作品，等到了后来当杜尚出现的时候，他更是把这类艺术表现手段加以规范化，使之变成一般的法则了。采用这样的艺术表现方式，其结果就是，被采用的物体所具备的真实性排除了用它们来表现其他东西的任何可能性。这时的艺术家只能是分析和解释这种真实性。艺术家对于自己艺术形式的强词夺理式的解说，其实质是为了掩盖他们自己不愿意承认的一个事实：这些艺术家实际上是被自己采用的形式所左右着的。

但是有一点很重要，那就是，这时的形式只能被看作是艺术家对于社会化生产条件下的客观世界所做出的符合逻辑的主观反映。立体主义作为一个整体，试图建立起一套表现这种主观反映的艺术法则。立体主义是从人们的主观反映开始，但是到最后却是极端绝对地反对任何主观因素。这个现象很能说明问题。作为诗人、艺术评论家、“立体主义”称谓的提出者，阿波利奈尔（Apollinaire）很不情愿地注意到这个结果。立体主义作为一种“艺术创作”，或者说作为一项事业，它在自己的实践中试图达到的目标就是建立起一种行为方式。但是，它骨子里那种与任何自然的手段相对立的做法，让广大民众很难接受，很难说服大家去接受它的那一套。立体主义因此便反其道而行之，不遗余力地向世人说明，资本主义生产条件下的城市现实已经变成了“一个全新的大自然”，并说明这个“全新的大自然”

具有它的必要性和“放之四海而皆准”的普遍性。在这个新的大自然里面，必然性和自由的偶然性是同一的。

正因为如此，布拉克和毕加索，甚至包括格里斯（Gris），都采用了利用现有零件进行组装的艺术创作手法，这样的作品绝对能从形式上表现出这个机器文明时代的世界。而出现原始主义和排斥历史的做法是这些艺术家后来的演变结果，并不是他们艺术追求的根本原动力。

立体主义艺术和风格派艺术都是对眼前这个身不由己的社会进行分析的工具，它们也都明确地提出要以实际行动来回应这个社会。关于这些艺术家的作品，我们可以相当肯定地说，那都是对艺术对象及其奥妙进行顶礼膜拜。

对世人一定要进行洗脑和煽动才行。只有这样，自己的艺术才能够主动地进入这个被资本主义生产所左右着的精确时代。波德莱尔所描写的那种事不关己式的路人被动心态必须加以克服。必须把城市中那些无动于衷的处世态度变成积极参与的行为才行。

在立体主义的绘画中，在未来主义艺术家的“扇耳光”式的暴力中，在达达派的怀疑一切的虚无主义言论中，他们这些艺术家并没有很明确地把城市单独提出来，作为他们各自批判的对象，但是城市从来都是他们心中默认的直接目标。也正因为这样，城市是先锋派前卫运动的衡量基准。蒙德里安是一个有勇气承认这一点的人。他认为城市是近来出现的一切造型艺术的终极目标。他同时也不得不承认，绘画艺术在变成城市的一部分的时候，就会变成一种单纯的行为模式，也就不可避免地步入死亡。[1]

---

[1] 见蒙德里安，《风格派，I 和 III》（*De Stijl, I & III*），同时参见蒙德里安的文章《人、街道和城市》（*L'homme, la rue, la ville*），该文章发表在《愿望》（*Vouloir*）杂志，1927 年第 25 期。

波德莱尔也曾经发现，当诗人试图让自己从客观现实中脱离出来的时候，他的诗歌作品商品化也就因此得到了加强。艺术家在让自己人性中诚实的一面得到最充分的释放的时候,他也就立即开始像妓女那样出卖自己，出卖自己的肉体和灵魂。[1]风格派的艺术家，甚至包括达达派的艺术家，他们发现，有两条道路通向艺术的灭亡：一条是把城市中的矛盾看作是理想化的有机整体，让自己静悄悄地沉溺在其中；另一条则是通过强制的手段，把自己的艺术主张强行塞进非理性的艺术交流结构——这个非理性也是一种理想化的结果——作为被城市改变形态后的结果。

4. 先锋派的现实危机

风格派艺术成为通过艺术形式来掌握这个充满技术的物质世界的一种方法。达达派则希望通过明确地揭示出这个世界的荒唐来给人以启示。然而，达达派提出的虚无主义言论到最后却成为左右未来计划的一种手段。我们在后来将会看到，在20世纪中，那些最积极正面且富有建设性追求的艺术流派和最具破坏性的前卫艺术运动二者之间有着千丝万缕的联系，错综复杂地交织在一起。这一现象绝对没有什么令人奇怪的地方。

达达派把艺术语言的各种元素疯狂地打乱，坚决反对和排斥任何有目的的造型和构图。在资本主义高度发展的今天，在各个层次上的“任何有价值的东西”都可以成为商品，都可以拿出来兜售，每个人都在服从自己无意识的本能，并把它升华到艺术的高度。如果说达达派的这些做法不算

[1] 这一点在胡戈・巴尔的态度中表现得尤为明显：见巴尔，《从时间里逃出》（*Die Flucht aus der Zeit*），卢塞恩，1946年。

是这样的真实写照，那么它又是什么呢？风格派和包豪斯在设计方法中引进了所谓的计划思想的意识形态（the ideology of the plan）这样一种理念，一种宏大叙事，这样的方法正是基于一种看法，即把城市看作是一个在其中从事生产活动的整体结构。达达派通过它的荒唐手段向我们证明了一点：计划性的确是有必要的。当然，达达派并没有直接这样讲。

不仅如此，所有的先锋派运动都模仿某些政治党派的做法，把政党政治和运作模式作为自己行动的样板。很显然，达达派和超现实主义可以被看作是某种无政府主义思想的一种表现。风格派、包豪斯，以及各种先锋派都旗帜鲜明地表示，他们努力在全球范围内组织某种替代方案，成为社会实践中一股不同的政治力量，但是这种替代并不影响当初人们所认同的政治理念中的任何道德价值观。

从这个角度和立场来看，风格派以及未来主义和构成派（Constructivist一词有积极、建设性意义的含义），都希望依靠形式原则来反对混乱无序的东西，反对经验主义的平庸，反对司空见惯基于经验主义的庸俗。然而他们提出的形式却是完全不切实际的空洞东西，并把自己的这种形式表现为杂乱喧嚣，毫无规律可言。环顾工业产品，它从精神上随意支配着这个现实世界，而工业产品变得“没有品质可言”，毫无价值 。但是，经过艺术升华之后，这些工业产品又被注入全新的价值，现在又重新获得重视。风格派把复杂的形式进行分解，将其变成最基本的形式元素。这一手法和技巧恰恰呼应了关于工业产品价值的最新发现，关于“精神方面丰富内涵”的最新发现，只能在工业化文明的那些“新废墟”中去寻找，不可能来自别的地方。这些基本形式元素不加修饰地组合在一起，这样的做法极大地提升了机械产品的地位。它说明，要想恢复建立艺术形式的权威地位，只能从出现问题的形式自身来寻找答案，除此之外，不可能把别的任何形式强加在它身上。

和风格派做法相反的是达达派，它完全坠入混乱当中去了。它通过对混乱状态的表现来证明混乱的现实性，但它对混乱状态所采取的态度却又是嘲讽和揶揄。这说明，目前的混乱状态在达达派眼里还是缺少某种必要的元素的。而这里所缺少的必要元素恰恰是风格派以及欧洲构成派所试图掌握的对杂乱无序所进行有效控制的手段。希望对于这种杂乱无序进行控制的不只是风格派和欧洲构成派，实际上从“能见度”（Sichtbarkeit）这一艺术派别出现以来，整个19世纪里关注艺术形式的所有美学派别，无一例外地都艰苦卓绝地开拓，希望能将其对杂乱无序的控制作为自己视觉艺术交流的语言。因此，当我们看到达达派的无政府思想和风格派所讲究的秩序在1922年以后逐渐合并起来的时候，我们也就不会感到过于吃惊。这两个艺术流派无论是从理论上讲，还是从实践中真实的做法来看，他们真正关心的就是找到一种全新的综合手段。[1]

这样一来，在资本主义新城市里，杂乱和秩序在历史上20世纪20年代的那个先锋派艺术运动中都变得具有“价值”了，而且他们很严肃认真地认为如此。

当然，杂乱只是现实中的基点，秩序才是最终目标。但是从这时开

---

[1] 事实上，整合先锋派运动中各方的作用，形成一个统一阵线，这一点变得非常迫切，至少从1922年以后，这种整合是异常迫切的。在这方面，埃尔·利西茨基、莫霍利 - 纳吉（Moholy-Nagy）、范·杜斯堡（Van Doesburg）以及汉斯·里希特（Hans Richter）等人最为突出。达达派和构成主义之间的综合体现在拉乌尔·豪斯曼、汉斯·阿尔普（Hans Arp）、伊万·普尼 [Ivan Puni，也就是让·普尼（Jean Pougny）] 以及莫霍利 - 纳吉发表的宣言里面。

始，讲究秩序的形式不再是到“混乱”之外的区域去寻找，而是从“混乱”内部开始。是秩序让混乱获得了自己存在的意义，并把它变成了一种“价值”，变成了一种“自由发挥”。甚至达达派所采取的破坏做法本身也具有了“积极正面”的目的性，尤其是在美国和柏林。从历史发展的事实来看，达达派的虚无主义做法到了豪斯曼或者哈特菲尔德（Heartfield）的手里就变成了艺术表现的全新手段和技巧。把各种偶然和新奇的手段系统化，采用零件进行装配和拼凑的技巧，这些做法成为一整套全新的非词汇类的艺术交流语言，而这种语言规则就是建立在人们认为“不可能”的那些东西上面的，建立在俄罗斯形式主义理论所谓的“语义学扭曲变形”（semantic distortion）认识之上的。也正是从达达主义开始，信息理论（theory of information）成为视觉表现和交流的工具。

但是，真正让人难以置信的地方其实是城市。现在看来，城市在其所呈现出的杂乱无章与混乱当中，还是可以挖掘出它们具有的进步意义的。对于随着技术的发展而产生的各种新生力量，根据某种纲领和计划进行一定的控制是非常有必要的，先锋派的各种运动都曾经很明确地指出过这样的必要性，但是随即又都发现，它们没有能力响应这个“理性”的呼唤，给出一种具体的形式来对城市的杂乱进行控制。

也恰恰就在这时，建筑艺术进入了人们的视野，它不但能够响应各种先锋派运动的呼唤，而且还要超越这些号召。这时的建筑艺术，不需要借助其他的力量便可以做出那些响应，立体主义、未来主义、达达派、风格派、国际构成派等等所提出的各种需求，建筑艺术都可以做到。建筑艺术一下子便让这些先锋运动的各个派别陷入了危机。

5. 全面集成式的建筑艺术

作为先锋派过滤器的包豪斯，完成了自己的历史使命。经过它的筛选，先锋派的各种尝试现在又要经过包豪斯的生产实践的检验。[1] 工业设计作为一种方法，在设计出产品物件之前就已经开始考虑组织生产的问题了，先锋派运动的艺术表现方式中所残留的任何一点点乌托邦空想的成分，在这时便被工业设计一扫而光。意识形态不再是强加于艺术实践上面的理念。艺术实践经过包豪斯的洗礼已经有很具体的内容，因为它已经和真实的生产结合起来了。意识形态现在已经成为艺术实践操作的固有组成部分。

但是，尽管工业设计很现实，讲求实际，但它仍然保留着一些不那么现实和具体的内容成分；在对分散的企业进行整合的时候，在对生产进行组织的时候，它仍然保留了一点不切实际的空想。不过，这时的空想是说它在对于生产进行重新组织的时候还存有自己的目标。从勒·柯布西耶于1925 年提出的巴黎瓦赞规划方案（Plan Voisin）即所谓的光明城市理念在巴黎瓦赞区的尝试和 1923 年的包豪斯转型开始算起，建筑艺术运动中的那些狂热分子——在这里使用先锋派一词已经不足以用来描述这些人——所一致寻求的规划方案都包含有一个矛盾：他们提出的这些方案，其中的建筑艺术都是从某一个很具体的区域或者类型开始入手，到最后却发现，只有对整个城市进行全面的改造，让最初为之提出方案的那个区域成为整个

[1] 1962 年温勒（H. M. Wingler）在德国的布拉姆舍（Bramsche）出版了一本书，《包豪斯，1919—1933 年》（*Der Bauhaus 1919-1933*），由 Verlag Gebr. Rasch & Co. 出版社出版，英文版于 1969 年在美国麻省剑桥 MIT 出版社出版。这本书收集了很多从前没有发表过的历史性文件。自从这本书发行以来，包豪斯的历史意义就一直不断地被改写，而且已经成为现代建筑历史学家的重要任务之一，从未间断过。

城市的一部分，这样的建筑艺术所提出的构想才有可能达到最初的目的。因此说，先锋派艺术家从视觉效果角度提出的问题到头来都直接地与经济活动有关，建筑设计也好，工业设计也罢，莫不如此。与此相类似的还有，从建筑设计和城市规划角度所提出的计划主张，实际上这也是建筑和城市自身之外的东西。这里的“自身之外的东西”就是对于生产和消费进行结构性的总的改造。从这个角度来看问题的话，我们会看到，建筑艺术恰好从它自身的发展出发，协调着现实与空想之间的矛盾。如果要想通过建筑的手段来实现任何一个真正的计划，我们必须明确地认识到，仅仅靠硬件的建设是不够的，而所谓的空想就是指人们固执地回避这个基本事实。现实的情况却是，当建筑和城市设计成为一般生产活动中重新调整的内容时，它们就毫无例外地成为大计划中被调整的对象，而不是成为它的主角。

20世纪二三十年代的建筑艺术并没有准备好接受这样的结果。很明显，当时的建筑艺术都扮演着“政治的”角色。当时对于建筑艺术的解读是：有计划有纲领地组织建筑活动和城市建设，使之成为一种生产活动的机制。所有提出的口号就是，用建筑艺术取代社会革命。勒·柯布西耶就是一位大肆鼓吹这种思想的人。

与此同时，人们对建筑艺术的普遍认识也是从最具有政治色彩的某些团体开始的，比如十一月社团（Novembergruppe）、MA和Vešč两份杂志，以及柏林圈（Berlin Ring）的建筑师社团，而且人们开始从技术角度定义建筑理念。从欧洲中部地区兴起的新客观主义（Neue Sachlichkeit），采用了理想化的生产流水线的模式，明确地主张并崇信先锋派所鼓吹的理念，接受了摒弃一切“死亡了的艺术神韵”，单纯地从“技术着眼”的启示。工业产品的形式和方法成了设计领域的一部分，甚至在产品的消费方面也需要把它们考虑进来才行。

从标准化的基本元素开始，到基本单元，再到一栋楼、居住区，直到一座城市，这种流水线式的建造过程正是两次世界大战之间那段时间的主要建筑艺术特点，思路非常清晰，效果也是千篇一律地协调。这个流水线过程中的每一个环节本身都完美地自成体系，而且力争在装配组合完毕的时候，消失得无影无踪。或者换个好一点的说法就是，这些元件在组合之后与其他元件从形式上融合成一个完美的整体。

这样做的结果，是审美体验过程本身经历了一场翻天覆地的革命。我们现在不再是对于审美对象做出我们的判断，而是以在其中居住和使用的过程作为对象来进行我们的判断。密斯和格罗皮乌斯的“开放式”建筑空间现在需要使用者的加入，来补充建筑空间的缺失，使之成为完整的艺术品。这里的使用者是整个审美过程的核心元素。新建筑形式不再具有绝对的价值，而是用作组织集体生活的工具，正如格罗皮乌斯说的“全面集成式的建筑艺术”。建筑艺术召唤着人们积极参与到设计活动之中。因此，透过建筑艺术，民众的普遍思想认识获得了一次巨大的飞跃。充满了浪漫的社会主义梦想的莫里斯，曾经主张一种为全民服务的全民艺术，它是在追求利润的铁律之内以意识形态的形式出现在世人面前的。即便如此，理论假说的终极检验手段就是让它直接面对城市的挑战。

第五章 “激进的”建筑艺术和城市

1. 希尔伯塞默的建筑艺术

路德维希·希尔伯塞默在1927年出版过一本书，叫《大都市建筑艺术》（*Grossstadtarchitekur*）。他在书中有这么一段话：

> 大城市里的建筑艺术，从根本上讲，取决于我们在针对两个元素所给出的不同解决办法：一个是针对基本单元给出的方法，另一个是针对作为整体的城市有机体所给出的方法。一个房间构成了居住的基本单位，它因此将决定居住的情况。由住宅进而构成了整个居住区，所以说，房间成为影响城市形态的一个因素，而城市形态则是建筑艺术的真实目标。反过来，城市的整体结构也会极大地影响到人们的居住情况和房间的设计。[1]

因此，正确的说法应该是，大城市是一种完整单一的合成体。如果我们把作者的话加以引申一下再来理解，希尔伯塞默的结论就是，就一座现代城市的整体结构来讲，它已经成为一部规模庞大的“社会机器”。

在20世纪二三十年代，希尔伯塞默采取了不同于大多数德国理论家

---

[1] 路德维希·希尔伯塞默，《大都市建筑艺术》（*Grossstadtarchitekur*），朱力尤斯霍夫曼出版社（Julius Hoffmann Verlag），斯图加特，1927年。见格拉西（L. Grassi）为希尔伯塞默的意文版著作《计划思想》（*Un'idea di piano*）所作的序言，马斯里奥出版社（Marsilio），帕多瓦（Padua），1967年。

的思路。他把城市经济活动中这个特定的方面作为自己专攻的研究内容，把它从社会经济机制中分离出来，对它进行单独分解，然后再对其中各个组成部分分别进行研究。我们在上面引述的希尔伯塞默的那段话，说明了他对建筑基本单元与整个城市机制的认识，很有代表性。它展示了希尔伯塞默论述问题的清晰性和他可以把问题归结到最基本核心元素的思维模式。建筑基本单元不仅仅是城市建设中连续环节里的最小单位，同时它也影响到最终由它累积起来的城市内部动力性质的形成。它的标准化特性允许我们对它进行抽象的分析并给出概括性的解决问题的办法。这样的建筑基本单元代表了大规模生产计划的最基本结构，由此排除了别的其他任何标准单元。一座独立的建筑物再也不是一个单纯的“物体”了，它不过为基本单元集合到一起提供了一个场合罢了，基本单元的组合左右并形成了建筑物的物理形态。由于这些基本单元可以无限地复制下去，从基本概念上讲，它们代表了生产线的基本结构。这样的生产方式也就排除了过去传统思想中的“地域场所”或者“空间”的概念。希尔伯塞默把整个城市的完整有机体作为自己定理中的第二个关键词。城市的结构决定了其内部的组合拼装原则，进而影响了它基本组成单元的标准形式。[1]

在这样一种严格的计划型生产过程当中，建筑艺术失去了专属于自己

[1] 这里便引出所谓的“竖向城市”（vertical city）的主题，根据格拉西的说法，竖向城市是一个理论探索型方案构想，它是勒·柯布西耶在1922年在秋季沙龙展会（Salon d’ Automne）上提出的“可以容纳300万居民”城市设计方案的变种。另外有一点值得注意，尽管希尔伯塞默刻意保持着与社区与自然的距离， 在他移民到美国之后，经过一段自我批判的时间之后，他不再坚持拒绝社区与自然这类神话。这些神话都是美国“新政策”（ New Deal）时期带有意识形态色彩的组成部分。后续出现的那些“激进的”知识分子社团和希尔伯塞默的情况差不多。

的独特衡量尺度，至少失去了过去传统意义上的那个衡量尺度。相对于整个城市那种单调、均匀的特征来说，每个具体的建筑物都属于“个别的”东西，因此这种个别的东西在城市中就完全彻底地隐退到均匀的背景里面去了。用希尔伯塞默的话说就是：

为实现无限的复制而建立起一般性原则，再根据这样的原则使用模子进行大量的复制，这里的普遍性和规律被特别地加以强调，而且也是显而易见的，而那些属于个别和例外的情况则被搁置在一旁，被视而不见，产品的细微差别和妙处就完全被抹杀了。真正主宰的只有度量数据，这些度量和数据把混乱转化为形式：那是一种符合逻辑性、整齐划一、充满数学关系的形式。

他又说：材料多样复杂、通常规模巨大的模式化复制所必须依据的形式规律同样也适用于每一个基本元素，都要经历一种构造形式的简化过程，减至最基本、最必不可少的、最一般的程度，即简化至立方体式的几何形，它可以代表任何建筑艺术的最基本元素。

以上这些话不是一份简单的纯粹派艺术家的“宣言”。希尔伯塞默对于大都市建筑艺术的思考形成了一套逻辑性很强的演绎过程。他的这种做法与早在 1914 年贝伦斯（Behrens）的一些提法十分接近，完全是同一个思路。[1] 它从一些基本假说开始，严格遵守概念上的定义和推论。希尔伯塞默并没有为建筑设计提供任何“范例”，而是用最抽象的语言提出一些

[1] 见贝伦斯（P. Behrens），《时空概念对于现代形式演变的影响》（*Einfluss von Zeit und Raumausnulzung auf Moderne Formentwicklung*），发表在《德国建造联盟年鉴》（*Jahrbuch des Deutschen Werkbundes*）1914 年《交通》（*Der Verkehr*）专辑，尤金迪德里克出版社（Eugen Diederich Verlag），耶拿（Jena），1914 年，第 7 至 10 页。

最具概括性的一般原则，为设计本身构建起一些参照体系和衡量尺度。正是借助于这样的方法，希尔伯塞默明确地提出了在这个生产方式大变革时代建筑师的新任务是什么。在这一问题上，他无疑要比同时期的格罗皮乌斯、密斯或者布鲁诺·陶特（Bruno Taut）等人要更加明确。

无论是希尔伯塞默的“城市–机器论”，还是西梅尔对大都市的描写，他们都只是抓住了某些局部，并不是资本主义社会变革带给大都市的全部内容。这一点是没有疑问的。但是，在面对全新的生产方式和市场的进一步扩大化并且更具有理性的时候，建筑师仍然停留在设计建造具体个体建筑物的这种实践活动上，这也是事实。建筑师的角色越来越显得不足。现在的问题不再是对城市中某一个单一的建筑物提出具体的形式设计，甚至不再是对于某一类建筑的典型楼型进行具体的设计。什么是城市中的整个建筑生产过程的真正统一现在已经得到了明确，建筑师所能够扮演的角色只是这个生产过程的组织者而已。我们把这个结论再进一步引申，把它引申到极限，那么，我们就可以这样讲，希尔伯塞默坚持认为，建筑师作为组织模式的设计者，他的职能就是充分代表了两种角色，一个角色是在建筑生产过程中实现泰勒式的科学管理方法，另一个角色就是扮演一位技术专家。后者对于建筑师来说是一个全新的角色，是采取科学管理方法的必备要素之一。

从这样一种观点出发，希尔伯塞默可以让自己回避掉“建筑物单体造型的危机”，而这个问题则让卢斯和陶特等很多建筑师都感到非常困惑和担忧。对于希尔伯塞默来说，“建筑物单体造型”这一问题，根本就不存在什么危机，因为它根本就没被考虑过，从来没有在自己的视野里出现过。在他看来，值得建筑师去关注的情况只有一个，那就是生产组织过程中的规律和基本原则。准确地说，希尔伯塞默的贡献的真正价值正是在这里。

但是，在这里有一点被人们忽略了，那就是希尔伯塞默完全不把建筑艺术当作知识与智慧的一种，完全不把它看作是创造性探索的手段。在这一问题上，密斯·范德罗曾经是摇摆不定的。密斯在设计柏林非洲大街（Afrikanische Strasse）住宅项目的时候，他的观点和希尔伯塞默非常接近。但是在斯图加特的魏森霍夫住宅试验区（Weissenhof）的项目中，密斯变得犹豫起来。等到他后来设计钢铁和玻璃曲面摩天大楼，以及为卡尔·李卜克内西（Karl Liebknecht）和罗莎·卢森堡（Rosa Luxemburg）设计纪念碑，或者1935年设计集合住宅项目，或者图根德哈特住宅（Tugendhat house）等项目的时候，密斯仍然徘徊在边缘地带，尝试着使用一些建筑师允许自己进行创造性探索的一些手法。

我们在这里并不打算对这个争议话题的如何演变花费过多的笔墨，其实这类现象在整个现代建筑历史中不计其数 。但是，有一点必须在这里加以强调，现代建筑运动中的很多矛盾和困境就是由企图把技术手段和创造性目的完全割裂开来造成的。

2. 乌托邦式住区

恩斯特·梅（Ernst May）规划的法兰克福市、马丁·瓦格纳（Martin Wagner）经营的柏林市、弗里茨·舒马赫（Fritz Schumacher）的汉堡市，以及科尔内留斯·范·伊斯特伦（Cornelius van Eesteren）的阿姆斯特丹市，这些城市都是在社会民主政体实践的历史中有十分重要意义的一页。但是，这些新区的意义和沙漠里的绿洲差不多，都如同孤立的聚集部落（Siedlingen）。这些实验性的居住区都是在城市的边缘地带组织建造起来的乌托邦式的区域，它们几乎不受所在城市现实的影响。而这些地区的历史老城与新兴工业区依旧继续延续着并且扩大着彼此间的矛盾。在很大程度上，这些矛盾逐渐成为更有影响力的决定性因素，而不是那些为了试图解决这些矛盾而提出来的建筑艺术手段。

表现主义的建筑艺术充分地从这些矛盾中吸收了其中所包含的多重意义的特点，给自己的建筑带来活力。维也纳的围合式住宅（Höfe）、珀尔齐希（Poelzig）或门德尔松（Mendelsohn）的公共建筑采用的手法显然不同于先锋派所倡导推广的城市建筑设计新方法。对于先锋派艺术凭借自己信奉的“机械复制”理论并通过这样的建筑反过来影响人们的行为模式，表现主义的建筑艺术予以坚决反对。不仅如此，其还始终保持用批判的眼光看问题，尤其是对于现代工业城市的发展问题更是这样。

珀尔齐希设计的柏林大剧场（Grosses Schauspielhaus）、费里茨·赫格（Fritz Höger）设计的智利大厦（Chilehaus）以及汉堡市内的其他一些建筑，汉斯·赫特莱因（Hans Hertlein ）和保卢斯兄弟（Ernst and Günther Paulus）二人在柏林设计的那些建筑等，这些建筑当然没有形成什么气候，也无法改变各自所在城市的现实。但是，这些建筑师通过借用这些充满了悲愤感情的夸张表现形式，对于现实工作中大量存在着的那些矛盾表达出自己的看法。

以表现主义（Expressionism）和新客观性（Neue Sachlichkeit）为代表的两种极端的存在，象征了欧洲文化艺术界中固有的两种倾向。

一方面是否定建筑单体的意义，取而代之以生活的体验和居住过程，包豪斯和各种构成派就是这种倾向的鼓吹者；另一方面则是夸张地表现建筑单体的形式，这是表现主义一派突出强调建筑形式具有多重意义的典型折中主义做法。在这二者之间似乎没有任何妥协、模糊的空间。

但是，我们不应该被这个表面现象所误导。这里出现的不同见解完全是持不同观点的两派知识分子在自说自话。一派在生产方式大规模变革的时代，把自己的认识局限在试图建立前所未有的计划纲领上，并以此作为产生新建筑的工具；另一派则试图让欧洲资本主义体制中属于落后的一面继续发挥作用。认识到这样的差异，我们再来看黑林和门德尔松等人所强调的人的主体性，对于希尔伯塞默和格罗皮乌斯所强调的泰勒式科学管理方法具有非常重要的意义。但是，客观地讲，这种以主体性为核心的批判主张属于落后阵营观点，因此，它不可能成为为世人普遍接受的第二种替代方案。[1]

门德尔松的建筑是自我欣赏式的艺术创作，它在为商业资本提供服务的同时，创造了一些很有说服力的“纪念碑”式建筑物。黑林的建筑则是很亲切的艺术表现，它继承了过去的德国中产阶级浪漫艺术倾向。但是，在说明 20 世纪建筑艺术发展历史的时候，把这个历史看作一个完整统一的过程，这种做法并不完全错。

---

[1] 门德尔松早期的全部作品在这里被笼罩在一种类似于尼采式对待现实的态度氛围当中。我们很容易看到，他在城市设计尺度的项目中表现出的拼图式（collages）设计手法，如柏林的塔格布拉特（Berliner Tageblatt）建筑的更新改造，或者杜伊斯堡（Duisburg）的爱泼斯坦仓库，以及在柏林进行的城市建设方面的工作，处处彰显着 20 世纪初期德国社会学对于大都市现象的观念。门德尔松在设计上采用的具体形式手法——泽维在这一点上的解释很对——很显然是在试图强化感官上的刺激（Nervenlben），对此，格奥尔格·西梅尔在自己的著作里把它概括为是大都市对“大都市里的个人”所产生的典型作用结果。我们不应该忘记的是，这种对于感官刺激的强化感受是获得高级理性（Verstand）的一个前提条件。

为了实现客观性理念，为了让计划纲领更加理性化，这一派的建筑师对于存在着的矛盾采取回避和排斥的态度，这无疑是他们坚持自己偏见的做法，特别是当他们与当权者合作，得到当权者支持的时候，更是这样。中欧这些鼓吹社会民主思想的建筑师们，他们过去的实践经验就是建立在行政管理权力和知识理论构想相结合的基础之上的。也正因为如此，梅、瓦格纳、陶特在当时的社会民主城市的政府里均得到某种政治任命，出任政府的某个官职。

如果说，现在整个一座城市就如同工厂里的一部机器一样，那么，其中各类问题的解决方案也只能在这个范围里面去寻找。一部像机器一样的城市，必然要求自己从整体上来组织其内部各个局部的关系，但是土地开发的固有机制有自己的规律,它阻止了建筑市场的不断扩大和现代化过程，也阻碍了技术内部的革命。这二者之间的矛盾是所有矛盾中的首要矛盾，城市中的其他各种矛盾都是从这里衍生出来的。

建筑设计方案、城市发展模式和经济与技术条件三者紧紧联系在一起，形成了一个密不可分的整体。建筑方案以城市发展模式为依据，以经济和技术为基础，也就是依赖于城市土地的公有、工业化的建造计划，遵循城市生产建设过程的实际规律。建筑艺术成为一门科学，完全变成了计划经济的一部分，甚至对建筑形式方面的选择也是在计划允许的范围内进行。

3. 法兰克福的建筑实践

梅在法兰克福的建筑实践可以说是这类“政治化”的建筑艺术最高代表。工业化的建筑生产基地确定了以最少的基本单元进行生产。这些被选上的基本单元都是集合住宅居民区里的标准单元。在这个居住区当中，工业化生产出来的住宅产品中最主要的构件就是辅助服务核心部分（如法兰克福式厨房）（Frankfurter Küche）。居住区的大小，以及居住区在城市中的位置，完全是由市政府在自己的职权范围内根据既定政策做出的决定。但是，新的居住区采用什么样的建筑形式则是没有现成答案的，因此它的形式给居住新区带来某种“文化的”标记的机会，并让建筑师所构想的政治目标在这里变成现实。

纳粹的宣传机器把法兰克福的居住区贴上标签，说它是一个已经建起来的社会主义社会。我们可以这样说，社会民主体制在这里的确得到实现了。但是，我们必须注意到，政治的权威和思想理论的权威的一致，只是在城市物质基础和相应的上层建筑之间一种纯粹的调停结果。这一点在城市的结构组织中表现得更加清楚。新居住区是一个封闭的经济系统，它反映了其中各项举措所具有的局部片断的特征，而这些举措根本就没有触及城市中原有的各种矛盾。旧矛盾依然存在，原来的城市并没有因此而得到改造和治理，新区形成了城市外围的生产中心，而旧城并没有被改造成为一个全新的系统与之匹配。

20 世纪二三十年代，中欧地区出现的建筑艺术中所包含的乌托邦式空想实际上是一个三方彼此信任的关系，也就是由左翼知识分子、部分具有先进 “民主思想”的资本家（如像拉特瑙这样的人）、民主选举产生的政治权力机构这三方共同努力的结果。在具体实践操作层面，针对每个具体问题而提出的解决办法都是高度概括的基本模型（政府制订的财产和征收政策、技术方面的试验、住宅形式的典型标准化），一旦投入到实际工作中加以检验，这些解决办法就开始显露出它们的局限性和不足。

梅为法兰克福设计的方案，如同马希勒和瓦格纳为柏林设计的方案一样，实际上是希望把某些典型模式在全社会的尺度上加以推广；希望把城市建成像一部用来生产的机器；同时在整体效果、分配和消费机制上，建成一座真正属于普通无产阶级的城市。理论家们一直不间断地把在中欧地区的城市中实现各阶级融合当作自己的努力目标。他们追求的城市是在形式上象征了全新的“综合效果”，成为代表了战胜了自然的集体意志，在新时代新人类的理想中成为生产工具，然而这种统一的城市形象并没有在这些德国建筑师和荷兰建筑师手中实现。这些建筑师们紧密结合为城市和区域制订的规划政策，力图让自己提出的典型模型具有普遍的适用性。比如聚居社区（Siedlung）的居住模式就是一例。但是将这样不懈的理论探索的成果应用到城市里，生成的形式都是零散的片断，明显地在重复早期工业时代的生产方式。城市仍旧是一些杂乱的局部片段堆积在一起，很少根据各个部分的功能加以整合统一。甚至在一个单一的“作品”里，比如工人居住区，多种方法的整合很快就被证明，这样的手段带来的最终结果其实是不确定的。

4. 乌托邦空想的失败

在具体的建筑艺术实践（如1930年由夏隆主持设计的柏林西门子城住宅区的设计）中，这种危机暴露得十分彻底，在这里，“现代运动”很明显地遭遇到了截至目前最为严重的反叛行为 。不可思议的是，当代建筑历史研究还没有充分认识到这个著名项目的意义。

主张用统一的设计方法来应对不同尺度、不同规模的建筑，这样的想法在西门子城这个具体项目中被证明是失败的，这样的尝试根本就是一种不切实际的乌托邦式的空想。在最基本的城市设计层面上，巴特宁

（Bartning）、格罗皮乌斯、夏隆、黑林、福尔巴特（Forbat）等人的设计表明，建筑单体在整个城市街区设计过程中消失，这个事实唯一的作用就是告诉我们，现代建筑运动的内部实际上是充满了矛盾的。格罗皮乌斯和巴特宁仍然坚持相信，住宅建筑应该由流水线上作业的装配式方法（assembly line）建造，但是，这与夏隆的含蓄反抗或者黑林的有机造型形成了强烈的对比。假如我们借用本雅明的词语来说明的话，那就是，西门子城在整体上所追求的规划理念，到最后，实际上摧毁了传统观念中具体“建筑作品”所具有的那种“神韵”。而夏隆和黑林所追求的“建筑造型”，即使是受到新的建造方法和新的结构形式的制约，仍然试图恢复一些已经消失殆尽的“艺术神韵”。

不仅如此，西门子城这个项目只不过是这类项目最为突出的一个例子而已。实际上，从1930年开始到1940年止，这期间出现在欧洲的追求积极进步的建筑运动的各种理想，虽然曾经带给众多城市以一种统一的面貌和发展趋势，但是到这时，除了科尔内留斯·范·伊斯特伦（Cornelius van Eesteren）规划的阿姆斯特丹算是一个例外，其他的城市都无疑陷入了危机。

危机的根源主要是城市政策出现了两方面的失败，而这种失败的城市政策恰恰又是在欧洲民主社会主义制度的推动下制定的。制定这种城市政策，一方面是试图把阶级运动限制在可控制范围内，这一尝试显然立即收到反效果；另一方面，这种城市政策试图要显示建筑活动在工人阶级和工会、行会（例如德国的Dewog和Gehag两个工会组织）的直接掌握下所具有的优越性，结果是让这些带有实验性质的城市居住区置身于整个生产活动全面重组的过程之外。

但是，为什么由社会民主党派掌控的城市政府总是不断地亏损，实际上还有另外一个原因。这个原因就在于城市建设的模式出了问题，准确地说，就是住宅项目或者居住区项目的模式出了问题。一个事实是，这些实验性的居住区都是全球普遍存在的反对城市化这种观念的具体体现。一方面，这种观念可以追溯到杰斐逊的思想；另一方面，它又深深根植于社会主义思想的传统认识。但是，这种观念有悖于马克思主义，参考一下马克思在《资本论》和《政治经济学批判》中是如何论述大城市的政治意义的就可以明白。在梅和马丁·瓦格纳领导的城市改造工作中，其中最根本的认识就在于他们假设大城市有着内在的弊端。因此，新居住区就被看作是一片弊端中代表了秩序的绿洲，是一个模范，它告诉工人阶级组织，在城市改造中建立起一种不同于其他的发展模式是可行的，这些新区把乌托邦式的空想变成了现实。但是，这些新区却公开地表明自己所向往的并不是大城市，而是“小镇”的模式。这恰恰是与西梅尔和韦伯的理论形成对立的滕尼斯（Tönnies）学说。[1] 在恩斯特·梅主持的法兰克福改造工作中，全新的建筑技术正在被应用于一种全面的反对城市化运动之中。实际情况是，这些新建造起来的居住区，力图把城市中局部的、追求静态视觉效果的实践进行全面整合，让这些分散的建筑技术发展成一个全新的建造体系。

但是，这是根本不可能的。发展的城市并不允许内部出现“平衡”，因此，平衡思想的意识形态也被证明是一种失败。

[1] 费迪南德·滕尼斯（Ferdinand Tönnies）的著作《居住社区与社会》（*Gemeinshaft und Gesellschaft*）于 1887 年出版，但是他所崇尚的不是一个有组织的社会，而是怀旧感强烈的“起初的居住社区”。他的这种怀旧感所表达出的意识形态，直到两次世界大战之间那段时间，才被那些激进的城市设计专业人士所接受。到了 20 世纪 50 年代的时候，才成为民众普遍接受的潮流。

无论怎样讲，我们应该注意一点，反对城市化的乌托邦式空想实际上是有其历史渊源和连贯性的，可以一直追溯到启蒙运动时期——说到这里，我们都应该记住，最早提出无政府主义理论的正是在18世纪的下半叶[1]——而无政府主义是“让城市消失”的必要条件。反对城市化的空想也张开双臂欢迎诸如花园城市理论、卫星城理论、美国区域规划协会所提的区域主义理论、弗兰克·劳埃德·赖特所鼓吹的广亩城市（Broadacre City）理论等。

杰斐逊的敌视工业化观念无疑受到法国重农思想理论的影响，而后来的布鲁诺· 陶特提出的《城市问题解决方案》（*Auflösung der Stadt*）则明显受到克罗波特金（Kropotkin）思想的影响。从杰斐逊到陶特，再到工人住宅区的典型（这个提案本身就是19世纪的遗产）、到赖特的广亩城市，这一切所代表的是一种强烈的怀旧情绪，怀念滕尼斯所说的“有机社区”，怀念独立于外界的秉持某种宗教信仰的特立独行，怀念一切平等、万物共享（communion of subjects）公社式的社会，不再因为大都市的异化而产生任何困扰。

反对城市化这样的观念总是以反对资本主义的假面具出现，无论它们是陶特的无政府主义，抑或是城市规划理论家提出的把大城市中心进行分

[1] 关于这个话题，有一部极有趣的著作，那是威廉·戈德温（William Godwin）的《关于政治的公平正义之探讨》（*Enquiry Concerning Political Justice*），伦敦，1793年。在这本书里，启蒙运动时期的理性主义被引申到了极致，它导致人们构想出一个理想社会，在那里，政府消失了，每个独立的个人——在自我解放的理性指引下——自发地聚集在一起，形成小小的居住社区，那里面没有法律，或者说没有稳定的制度。见科尔（G. D. H. Cole）的《社会主义的思想：先行者们（1789年至1850年）》[*Socialist Thought: the Forerunners (1789 - 1850)*]，麦克米兰出版社，伦敦，1925年。

散，还是赖特提出的富有浪漫色彩的乡村式居住环境，都属此类。[1] 这些充满了苦闷和焦虑的叛逆行为，表面上是反对金钱经济带来的“非人性的大都市”，但实际上无一例外只是一种怀旧情绪，通过这样的方式来反对资本主义发展的最高阶段，幻想着回到人类历史的初始童年时期。在重新规划设计居住区和城市区域的时候，人们又把这种敌视城市化的思想观念变成城市规划所追求的高级目标之一，比如美国区域规划协会（the Regional Planning Association of America）的做法就是如此[2]。在这样一种情况下，很多具体的需求和具体的条件便对城市规划提出许多彼此矛盾的要求，这是无法避免的。事实上，“新政”时期出台的区域规划政策就让不少人失望，比如亨利·赖特（Henry Wright）、克拉伦斯·斯

[1] 关于赖特主张“野性”理念、反对城市的意识形态，见考夫曼（E. Kaufmann）的文章《弗兰克·劳埃德·赖特：第十一个十年》（*Frank Lloyd Wright: the 11th Decade*），发表在《建筑论坛》（*Architectural Forum*），第 130 卷，1969 年第 5 期；史密斯（N. K. Smith）的《赖特——关于建筑艺术内容的研究》（*F. L. Wright. A Study in Architectural Content*），Prentice Hall 出版社，恩格尔伍德克利夫斯（Englewood Cliffs），新泽西州，1966 年；班纳姆（R. Banham），《赖特表现出野性的那些年》（*The Wilderness Years of Frank Lloyd Wright*），文章刊登在《皇家建筑师协会期刊》，1969 年 12 月；朱奇（G. Ciucci）等，《赖特，1908 年至 1938 年，从危机到神话》（*Frank Lloyd Wright, 1908-1938, dalla crisi al mito*），《新天使》（*Angelus Novus*），1971 年第 21 期，第 85 至 117 页。

[2] 关于美国区域规划协会（the Regional Planning Association of America）的工作，见卢博夫（R. Lubove）的专著，《20 年代的社区规划：美国区域规划协会的贡献》（*Community Planning in the 1920's: the contribution of the RPAA*），匹兹堡大学出版社，1963 年；斯科特（M. Scott），《1890 年以来的美国城市规划》（*American City Planning since 1890*），加利福尼亚大学出版社，伯克利，洛杉矶，1969 年；达尔科（F. Dal Co），《从公园到区域——进步的意识形态与城市的形态改变》（*Dai parchi alla regione. L'ideologia progressista e la riforma della città*），文章发表在一本汇编中，《从内战时期至新政时期的美国城市》（*La città americana dalla Guerre Civile al New Deal*），第 149 至 341 页。

坦恩（Clarence Stein）、刘易斯·芒福德（Lewis Mumford）等人就表示，这些新出台的规划政策根本没有满足他们的期待。

这种从乡村获得灵感而形成的“小镇”模式根本无法适应大规模生产方式所形成的城市尺度，无法满足新的要求。1945 年之后，这类小镇的模式在意大利又被众人推上台面，而且这一次又特别受到民众的喜爱。对于社区（Gemeinschaft）的向往，对于有机和谐社区的憧憬，这在 20 世纪 20 年代的德国思想界是一股非常强烈的倾向。但是这种倾向必须要屈服于整个社会（Gesellschaft）的发展走向，屈服于大都市这个非人格化、异化了的社会，因而不可避免地成为一种必然破裂的假说。

大都市的形态逐渐扩展延伸到周边的整个区域，同时带来区域里发展不平衡问题螺旋式上升。所以，那些试图重新取得平衡发展的规划理论，如早期苏联的那些计划和规划理论，在经历过 1929 年的大危机后，就必然经历大刀阔斧的变革。

现代大都市包含了各种矛盾因素，它的无法预测性、它的多元化的功能和作用、它的多重职能，以及它的整体结构缺乏有机性，这些矛盾让中欧地区的建筑艺术中各种理性的力量一筹莫展，大都市的发展始终置身于理性活动之外。

第六章　乌托邦空想的危机：勒·柯布西耶在阿尔及尔的实践

1. 勒·柯布西耶的设想

在兼顾到大都市的多元性的同时，一要借助于严密的规划方案来解决它的不确定性，二要通过强调城市的有机性与非有机性之间相辅相成的关系来降低彼此的冲突，三要展现出生产活动中最周密的计划与最大限度地激发精神生产力是相同的。这三个方面都是勒·柯布西耶一生不遗余力为之奋斗的目标。他在这些方面的独到见解和洞察力，让他在整个欧洲的进步思想和文化运动中独领风骚，无人能够望其项背。

当勒·柯布西耶把这些内容确定为自己的奋斗目标的时候，他很清楚地认识到，建筑艺术必须要同时面对上面所说的那三个方面的问题。如果说建筑艺术等同于有组织的生产活动，那么这也就等于承认在生产活动之外的分配与消费也是整个活动的重要决定因素。建筑师是一位组织者，不再是某个个别形体的设计者。勒·柯布西耶的这样一种主张绝对不只是一句口号而已，更是一种具有责任感的认识，是知识分子理论家的理性倡议与机器文明（civlisation machiniste）相结合的产物。建筑师作为代表这种机器文明的先锋队的一分子，他们必须能够在几个不同方面提出发展的方向，制定出今后发展的蓝图，哪怕只是其中的局部。勒·柯布西耶提出的办法就是直截了当地响应工业界的召唤（appel aux industriels），提出建筑基本类型。在政治层面，借助于国际现代建筑协会（CIAM）这一机构，寻求与政府、政权的密切合作，希望通过这样的合作能够把建筑的生产与城市建设同社会民生重组的计划相结合。在建筑形式和城市形态方面，最大限度地把形式作为一种手段，成为今后建筑产品的重要组成部分。

或者更准确一点说，形式承担了一种责任，它要把那些具有普遍意义的非自然界的精确技术世界变成某种具有正统性和自然属性的事物。由于技术世界就是要通过不断变化达到最后征服自然的目的，因此对于勒·柯布西耶来说，人类在地球表面上的生存与分布状态也就成为他所研究的主要内容，而整个建筑行业的改造也必须把这个主题作为自己的核心重点。[1]

但是，勒·柯布西耶也发现，资本家和银行家的精明、各个私人承包商的个人利益，以及自古以来金融投资方面的固有机制，如房地产业的固有规律，这一切都非常危险地阻碍了建筑行业的发展，限制了“人类”的

[1] 勒·柯布西耶的绘画作品也应该结合个人采用新技术现实这一事实，以及这种新现实所带来的新空间状态来进行分析。甚至在佛罗伦萨的斯特罗齐宫（Palazzo Strozzi）举办展览之后，这个问题依然是有待研究的对象。纳瓦（A. Nava）曾写过一篇充满真知灼见的文章，《勒·柯布西耶的诗意》（*Poetica di Le Corbusier*），《艺术批评》（*Critica d'arte*），1938 年第 III 期，第 33 至 38 页；除了这篇旧文之外，还有其他一些很有见地的文章讨论了这个问题：罗（C. Rowe）和斯卢茨基（R. Slutzky），《透明性：勒·柯布西耶研究 1》（*Transparenz：Le Corbusier – Studien 1*），Birkhäuser 出版社，巴塞尔联邦理工学院（Basel-Eidgenössiche Technische Hochschule），苏黎世，1968 年；格林（C. Green），《光、纯粹派与巴黎的机器》（*Léger, Purism and the Paris Machines*），《艺术新闻》（*Art News*），第 68 卷，1970 年第 8 期，第 54 至 56 页，以及第 67 页；库尔茨（S. A. Kurtz），《公共规划，私人规划》（*Public Planning, Private Planning*），《艺术新闻》（*Art News*），第 71 卷，1972 年第 2 期，第 37 至 41 页，以及第 73 至 74 页。

潜能在该行业的扩张中的充分发挥。

从 1919 年到 1929 年的这十年之间，勒·柯布西耶先后研究并推出一系列的建筑基本原型，如多米诺住宅单元（Dom-ino）、不动产别墅（Immeuble-villa）、300 万居民的城市，以及巴黎的瓦赞街区。这种耐心的研究把不同尺度的建筑产品和各种具体的操作手段都考虑得非常清楚，也十分具体深入。某些局部得到实施的个案就成为如同实验室里面的科学实验一样，勒·柯布西耶对自己具有普遍意义的假说进行实验，他的做法远远超过德国人的“理性主义”模式，通过知觉来判断恰当合适的尺度感，这是城市设计问题所必须要面对的问题。

从 1929 年到 1931 年，勒·柯布西耶又推出了针对乌拉圭首都蒙得维的亚（Montevideo）、阿根廷的布宜诺斯艾利斯、巴西的圣保罗与里约热内卢等地的具体规划方案，在这之后又推出为阿尔及尔设计的奥布斯（Obus）规划。在这些规划设计中，勒·柯布西耶总结出现代城市规划中一系列杰出的理论设想。事实上，他的这些成就，无论从意识形态方面，还是从设计形式方面来看，都是没有人能够超越的。[1]

与陶特、梅甚至格罗皮乌斯等人形成对比的是，勒·柯布西耶打破了“建

[1] 勒·柯布西耶的全部成就需要认真和全面的研究，在这里勾勒的轮廓是一个非常简单的综合描述。布莱恩·泰勒（Bryan Taylor）对勒·柯布西耶的巴黎档案进行过研究，这项研究是结合勒·柯布西耶的佩萨克（Pessac）建筑群设计与施工、勒·柯布西耶早期的工人住宅研究展开的。这项研究标志着研究工作的一种新动向，其目标在于彻底地改变人们对于勒·柯布西耶作为一位城市设计师的判断。见泰勒（B. B. Taylor），《勒·柯布西耶与佩萨克，1914 年至 1928 年》（*Le Corbusier et Pessac, 1914 - 1928*），勒·柯布西耶基金会 - 哈佛大学，1972 年。关于在这方面的研究，特纳（P. Tuener）的一篇论文也值得注意，《勒·柯布西耶的教育起点》（*The Beginnings of Le Corbusier's Education*），《艺术通报》（*Art Bulletin*），第 53 卷，1971 年第 2 期，第 214 至 224 页。

筑—街区—城市”这样一种连续的线性递进关系。他提出的这种新型城市结构，单从它的物理性能以及使用功能方面来看就已经承载了很多不同层次的崭新意义；这种新城市是一种宣言，它的意义就在于它把整个环境、全部景观因素统统纳入考虑的范围。

2. 柯布西耶在阿尔及尔的实践

在阿尔及尔的方案中，古老的山城（old Casbah）、皇帝城堡（Fort-l'Empereur）所占据的山头，以及那绵延弯曲的海岸线都被当作设计的元素，都被看作尺度巨大的现成的成品构件。新的城市结构赋予了这些元素以崭新的角色，推翻了它们原先固有的意义，让这些不相干的元素获得了前所未有的统一。

但是，这种最大规模的改造手段必须要有最大规模的自由度和灵活性与之配合才行。因此，要采取这种操作模式，它在经济方面的前提条件显然是必不可少的。奥布斯规划所要求的前提条件，就不仅仅是需要一种全新的土地政策，凭借这种政策，我们可以克服早期资本主义那种随意占有和使用土地的自由状态，能够把整个城市的土地集中起来管理，使之成为一个有机整体，在这个机体之上进行统一的规划，让城市成为一个具有实质意义的完整体系。[1] 在这样一种情况下，仅仅把土地集中起来使用还是

---

[1] 勒·柯布西耶在阿尔及尔的经历需要更进一步的研究。但是，皮奇纳托（G. Piccinato）的一本小册子《法国当代建筑》（*L'architettura contemporanea in Francia*）用了其中一章，专门讲勒·柯布西耶的城市规划工作。卡皮里出版社出版，博洛尼亚，1965 年；莫斯（S. von Moos），《勒·柯布西耶：综合中的多种元素》（*Le Corbusier: Elemente einer Synthese*），胡博出版社（Verlag Huber），弗劳恩菲尔德（Frauenfeld），1968 年。

不够的。一个基本事实是，一般的工业项目在城市中的地理位置并不存在什么先决条件。系列化生产方式从原则上已经彻底地颠覆了过去对于空间秩序主次关系的认识。技术世界里不存在这里或者那里之类的概念。取而代之的观念就是，工业技术的操作空间包含了整个人类的生存环境——这是一种拓扑几何学意义上的概念，对于它的理解可以从立体主义、未来主义以及造型元素主义（Elementarism）的实践中得到某些启发。因此，在对于整个城市进行重新整合的工作中，我们对于整个城市的三维空间都必须能够支配才行。

很显然，对于城市的这样一种认识就要求我们明确地对两种大规模的干预手段进行区别，即对生产环节和消费环节中的干预手段进行区别。

对城市空间和整个自然环境进行重新改造，当然要求我们对于整个城市组织这部机器进行必要的分析，使之上升到理性的高度。在这样的一种巨大尺度的层面上考虑问题，技术的整体结构和城市向人们传递的信息系统都必须能够在人们的意念中形成一种完整统一的形象。在技术和传递信息要素中那些属于人工成分的部分，它们违反自然主义原则的错落有致以及十分明显突出的道路系统都获得了某种象征意义，比如那条蜿蜒曲折的高速公路的终点所通达的目的地是工人阶级的居住区。

而位于皇帝城堡山上的住宅建筑，它们的自由形态也具有某种先锋派超现实主义艺术家作品的印记。这里曲线式的建筑造型与萨伏伊别墅（Villa Savoye）式的室内设计、巴黎香榭丽舍田园大道上贝斯提圭公寓屋顶（the Bestegui attic）的怪异叛逆造型很相似，都十分自由。只是这里的曲线造型十分巨大，它很具体地展现着“对立和矛盾间的舞蹈”[1]这样一个抽象又理想化的概念。

在城市结构这个层次上，现在也终于有了一个完整而有机的形态。我们所看到的都是体现着矛盾中积极正面的元素，体现着非理性与理性的调和，体现着众多剧烈冲突的“英雄式”的构图造型。正是通过这样的一种形象，现实中原先那些无法回避的问题现在获得了自由，也只有通过这样的形象才能做到这一点。前者（现实中无法回避的问题）通过周延又严格的计划而得到了严密的定义和充分的解决；而后者（自由）在人类的认识被提高到一个更高的层次上之后得以实现。

甚至勒·柯布西耶也使用“语出惊人”的方法，他所采用的各种造型手法在于“唤起人们富有诗意的回应”（objets à réaction poétique）。他的这些手法在形式和内容之间形成了一种有机关系。如果说人们在这些形式和建筑功能之间感觉不到存在着这样一种充满了动感的相互关系的话，这种情况根本是不可能的。无论是从哪一个层次上去解读，也不管这种解读是从视觉上，还是从使用上，勒·柯布西耶的这个阿尔及尔规划方案都很明确地对民众提出参与其中的要求，而且这种参与是没有任何选择余地的。但是，我们同时也必须注意到，民众对于这样一种新型城市结构的参与是

[1] 出现在《直角的诗歌》（Poème de l’angle droit）中的那些图解释了勒·柯布西耶对知识理性认识方面的贡献，这种理性的认识代表了走出迷宫后的醒悟。这些图看起来非常接近克莱（Klee）的绘画作品，正如克莱所理解的那样，所谓的“秩序”并不是一种无所不包的极权控制（totality），彻底置身于制造出这种极权的人类活动之外的。这样的寻找实际上是被自己记忆的不确定性丰富了内容，被各种不确定的张力丰富了内容，甚至被与探索方向有偏差的各种可能性丰富了内容，我们是经历了真正全面的体验才达到那个最终目标的。甚至对于勒·柯布西耶来说，绝对的形式是永远战胜未来不确定性的常胜法宝，当然这是通过把一个可疑的观点当作集体被拯救的唯一保障。

被左右了的，那必须是一种带有自己批评、反思和理性思考的参与。假如我们对于该城市的整体形象所进行的解读是“漫不经心”的，那么我们自然就会对它产生一种很迷惑不解的印象。我们并不排除一种可能，那就是勒·柯布西耶实际上是在借助于第二种解读方式所带来的效果来刺激民众对自己规划方案的兴趣。[1]

“重点关注并解决造成困惑的各种起因问题，借此来防止困惑本身的出现。” 但是，勒·柯布西耶的阿尔及尔方案并不仅限于此。最基本的生产单元——每个住户的居住单元——在这个层面上所需要解决的问题就是要让这个最小单元具有最大的灵活性，同时又很容易对它进行更新换代。接收最小单元的巨大结构则形成了庞大的人造框架，每一个居住单元被嵌入其中。这些单元在被嵌入这个大框架的时候，它们的排列组合具有极大

[1] 勒·柯布西耶的很多文字都把建筑当作进行社会整合的工具和干预手段，这一点是非常突出的，具体结合荷兰的范内勒（Van Nelle factory）工厂这个项目来说，这一点就更加突出：“鹿特丹的范内勒卷烟厂是现代化时代的一个产物，它彻底远离了从前‘无产阶级’这个词”所带给我们的与绝望相关联的全部含义。从自我中心的财产直觉转向集体行动的思想感情，这样的转变把我们引向一种最幸福的结果：在人类所从事的事业中，每一个阶段都是每个个人参与的现象。劳工（劳动力）仍然保持着自己的物质性，但是，那是经过精神启蒙之后的劳工。我再重复一遍，一切都藏在这几个字里面：它是爱的证明。正是为了这个目标，我们必须借助于新的管理方式，让爱变得纯净，把爱放大，以此来引导我们的现代世界。告诉我们我们是什么，告诉我们我们要怎样做才能有所帮助，告诉我们我们为什么要工作。把计划给我们；把计划拿给我们看看；把计划向我们解释清楚。让我们联合起来。假如你向我们展示出计划，向我们解释清楚这些计划，那么，过去那种陈旧的二元论，亦即有产阶级与绝望的无产阶级之间的二元论，将会消失。将来只有一种单一性质的社会，一种有信仰和有行动的、联合起来的社会。我们生活在一个严格理性的时代，而且这是良知的问题。”勒·柯布西耶，《现代生活的内容》（*Spectacle de la vie moderne*），节选自《光明城市》（*La ville radieuse*），Vincent Fréal 出版公司，巴黎，1933 年，英文版由奈特（P. Knight）、勒维厄（E. Levieux）、科尔特曼（D. Coltman）翻译，纽约 Orion 出版社与伦敦的 Faber and Faber 出版社联合出版，1967 年，第 177 页。

的自由度和灵活性。对于民众来说，这样的自由度和灵活性就是鼓励自己积极主动地参与城市的设计工作。勒·柯布西耶在用自己的草图进行解说的时候，勾画了一些可能出现的情形，说明在这个固定的大框架下还是允许出现一些属于民众自己的孤僻爱好，或者不伦不类的设计的。自由度和灵活性甚至可以大到允许民众个人表达某些低级趣味的东西。这里的民众包括住在沿着蜿蜒海岸线而建的住宅里面的工人群众，也包括皇帝城堡山上住宅里面的上层中产阶级。建筑艺术因此变成了某种宣传说教行为，变成了一种集体整合的手段。

但是对于整个工业界来说，这种自由度和灵活性还具有一种更高的意义。勒·柯布西耶并不打算把基本单元做到标准化的极致，如同梅的法兰克福式厨房那样。在勒·柯布西耶的理解中，每一个单体的设计都必须要考虑技术、建筑风格的连续不断地更新，考虑折旧和消费速度，因为这些都是资本主义扩张所带来的必然结果。从理论上讲，一个住宅单元的生命周期是很短的，因此，根据需求的改变，居住单元必须能够很快地被更换成新的单元。这种需求的改变包括了标准产品模式制作上的改变以及居住标准的提高。[1]

[1] 在这些考虑的基础之上，有人会反驳班纳姆的论点。他从技术的观点出发，批评现代建筑运动的那些大师们在建筑类型上的落后思想。“当面对常见建筑类型进行选择的时候，建筑师们选择了犹豫不前，而这时，技术的正常运行过程被打断，根据我们今天的理解看来，这些改变和创新的过程在放弃了技术之后只有停滞不前，造成研究和大规模生产的停止。”班纳姆，《第一个机器时代中的理论与设计》（*Theory and Design in the First Machine Age*），建筑出版社，伦敦，1960 年，第 329 页。从 1960 年起，直到现在，所有的建筑科学幻想故事层出不穷，它们都在宣扬一种价值观，把技术的进步当作一种“形象”，这样的做法是很可悲的，远远不及勒·柯布西耶的奥布斯（Obus）方案。在这里再次强调这一点，似乎有些多余。

说到这里，勒·柯布西耶阿尔及尔方案的意义就十分清楚了。城市改造工作中的主体是全体民众，通过对他们的教育和引导，让他们通过创造性的方式积极介入到对城市进行改造的活动当中来。在城市改造这场轰轰烈烈的活动中，在高涨的发展和改造过程中，无论是一位先锋派的人物，还是“政府权力机构”，或者城市里的普通民众，现在从理论上讲都参与到同一件工作中去了。城市这部全新的机器，从真实的生产制作过程演变成了一种抽象的形象，以及对于这种形象的利用。它把“机器文明”中潜在的“社会”功能全部推向了最大化。

我们必须要来回答一个显而易见的问题：为什么勒·柯布西耶的阿尔及尔方案，以及他为欧洲和非洲许多城市规划设计的方案，甚至包括一些很简单的方案，都仅仅停留在文本和图纸提案的阶段而无法得到实现呢？我们在之前曾经说过，他的这些方案即便在今天来看，也属于高水平的设计，它们在建筑设计和城市规划艺术形式方面，把资产阶级文化中的各种学术理论提高到前所未有的高度。但是这样一种充满赞誉的概括和描述，与勒·柯布西耶所经历的失败对照起来，难道不是十分矛盾的吗？

对于这些问题，答案有多种可能，每一种答案也都可能是有道理的，而且彼此都是相互补充的。然而我们首先需要注意的一点是，勒·柯布西耶总是以一个“知识分子或者理论家”的角色出现的，他的全部工作都是属于学术探讨之类的成果。他不同于陶特、梅和瓦格纳等人，这些人都在当地城市政府或者省政府的权力机关里面任职。尽管勒·柯布西耶的理论假说都是针对某个具体问题提出来的，但是，他所提出的理论和方法却都是具有普遍适用性的模型，是可以加以广泛运用的。当然，像阿尔及尔这样的方案，因为它的地形和历史而具有很强烈的独特性，其中的形式是无法在其他地方加以复制的。这种从具体到一般的方法显然是与魏玛共和国知识分子所鼓吹的方法背道而驰的。还有一点也很重要，那就是，勒·柯布西耶在阿尔及尔方案上花费了四年时间，而这项工作是从来没有获得过任何人或者单位的委托授权，也没有得到过任何报酬。他的这项工作完全是他自己“发明创造”出来的一个项目，他的自发创作活动完全是自己的个人行为。

这就让他的工作模式获得了与实验室里的实验一样的特点，要想把实验室里的工作直接变成社会现实里的东西，那是不可能的。但是，这还不是问题的全部。当他的理论假说被推广到一般的应用时，其普遍适用性便会与现有的落后城市结构发生冲突，而这个落后的城市结构正是他的理论要对它加以改造的对象。勒·柯布西耶希望建筑艺术能够伴随着经济和技术的提升和进步而产生出一种革命性的改变，但是由于这一目的在现实中还不能形成某种和谐而又有机的形式，因此，勒·柯布西耶理论中的那些本来很真实的内容也就被人们当作乌托邦式的空想了，这一点其实没有什么会令人感到奇怪的。

从另一方面来说，如果我们不能把阿尔及尔方案的失败——也可以把它概括为是勒·柯布西耶的“失败”——同整个现代建筑艺术在国际上所遭遇到的危机联系起来看的话，那么，我们就不能正确地理解他那失败的教训。换句话说，如果不把他的失败同“建设新世界”[1]这样一种意识形态的危机联系起来看的话，我们是不能正确地从中吸取失败教训的。

[1] “新世界”的这个意识形态是一个释放潜力的无限领域，它对于埃尔·利西茨基和汉内斯·迈耶二人来说是一样的。见汉内斯·迈耶的重要文章，《新世界》（*Die neue Welt*），文章发表在《工作》（*Das Werk*）杂志上，1926 年第 7 期。

3. 现代建筑艺术的危机

看看当前的历史研究是如何对现代建筑艺术的危机进行解释的，这是一个很有趣的问题。人们一般认为，现代建筑艺术起始于大约 1930 年，而且直到 20 世纪 70 年代，一直都是相当活跃的主角。人们在对现代建筑艺术出现危机的原因进行解释的时候，最初几乎所有的人都把它归罪于欧洲法西斯和斯大林主义所导致的政治倒退。然而，在 1929 年经济大萧条出现之后，真正具有决定意义的几位主角便完全彻底地被人们忽略掉了：这些主角就是全球范围的资本重组、重新建立避免周期性经济危机的经济体制，以及苏联的第一个五年计划顺利实现。

凯恩斯在他的《通论》（*General Theory*）所归纳出来的目标都可以在现代建筑艺术领域里找到，而且是被当作纯粹的意识形态观念来信奉的。内格里（Negri）说：“把未来定格，让未来成为现在，这就可以让自己摆脱对未来的恐惧。”凯恩斯的政府干预主义理论基础和现代艺术的理论基础是一致的。从严格的政治意义上讲，这也是勒·柯布西耶城市规划理论的基础。凯恩斯的办法就是与“灾难党”（party of catastrophy）携手，然后在更高的层面上试着把它的破坏性加以吸收以便达到控制的效果。[1]

[1] 见内格里（A. Negri），《1929 年代的国家资本主义理论：约翰·凯恩斯》（*La teoria capitalista dello stato nel '29: John M. Keynes*）。同时参见博洛尼亚（S. Bologna）、拉维克（G. P. Rawick）、戈比尼（M. Gobbini）、内格里（A. Negri）、法拉利·布拉沃（L. Ferrari Bravo）以及甘比诺（G. Gambino），《工人与国家，从十月革命到新政时期的工人斗争和国家资本主义的改革》（*Operai e Stato. Lotte operaie e riforma dello Stato capitalistico tra rivoluzione d'Ottobre e New Deal*），米兰 Feltrinelli 出版社，1972 年。

勒·柯布西耶把现代城市中的各阶级状况都纳入考虑范围之内，然后把各种矛盾冲突在更高的层次上予以调和，让各阶级的民众在一个更高的理想指引下得到再次融合，让市民在城市发展的机制里扮演着操控者和消费者的角色，这样的市民才配称得上是活生生的“人”。

这样，我们最开始的假设在这里得到证实。作为代表了计划思想这样一种意识形态的建筑艺术，当它必须要面对计划中的现实性（the reality of the plan）问题，规划方案本身又必须是某种可操作的机制的时候，建筑艺术中的那些属于乌托邦式空想的成分自然地就会被取而代之。

现代建筑艺术的主要委托甲方是大型的工业资本。一旦出现这些工业资本超越了当初的那些意识形态理念，不再关注上层建筑因素的情况，现代建筑艺术也就立刻开始出现自己的危机。从这一刻起，建筑艺术中包含的意识形态观念也就失去了意义，再没有任何的目的。顽固地坚持追求建筑艺术中的意识形态，并努力试图让建筑艺术中的那些理论假说得以实现，其结果只能是两种可能，要么超越了已经落后的现实，要么变成了喋喋不休的噪声。

基于这样的理论，我们就很容易理解，从1935年到20世纪70年代的现代运动，为什么会逐渐衰退，出现众说纷纭而令人苦闷的局面。对于城市和区域从整体上进行理性的总体规划仍然毫无起色，目前，人们所从事的城市建设工作都属于对局部进行修修补补之类的工作，时不时地以间接的方式实现一些与总体规划相一致的短期目标。

这时出现了一些令人无法解释的现象，至少看起来是这样的。关于形式的意识形态看起来要抛弃写实的外在表现，站到属于资产阶级文化矛盾辩证法所固有的对立立场上去了。由于不肯抛弃“设计中的乌托邦式空想”，那些总是高于意识形态水平的实际过程就总是被颠覆，从中复活的是从前的混乱状态。这些本来都早已经被构成主义（积极、建设性的艺术）彻底清除的东西现在又得到救赎，杂乱无序得到了升华。

处于这样一个死胡同里，建筑艺术的意识形态放弃了作为城市改造和生产结构重组的推动力量，转而躲藏起来，在重新发现的仅仅属于自己的小圈子里打转，换句话说，建筑艺术进入了一种自我摧残的神经质病态。

当代艺术理论根本没有能力去分析设计出现危机的真正原因，因此便把全部的注意力集中在设计本身,试图在设计活动的自身找到问题的答案。理论界的做法就是把过去在思想观念方面带有意识形态色彩的各种新发明收集并整理起来，希望能够在建筑视觉表现形式与技术上的乌托邦式空想之间提供充分的解释。需要注意的是，这时的造型和技术二者的结合完全是建立在所谓的"新人文主义"(neohumanism)这样一种模糊的概念之上的，这个概念与20世纪20年代的"新客观主义"比较起来，带给我们一种令人非常绝望的效果，它在乌托邦式的空想与社会具体发展之间扮演起一种根本没有人知道其所以然的协调角色。而一直坚持不懈地在形式与技术之间寻找协调关系的正是城市这一形象，认识到这一点也是非常重要的。

因此，城市就必须被当作上层建筑领域里的一分子来考虑。事实上，当今的艺术总是被用来打扮和装点城市，被用来给城市戴上一副面具。波普艺术（Pop art）、欧普艺术（Op art）、对都市中各种可以"形象化"的东西进行分析，以及对"潜在的美学倾向"的分析，这些都汇集到这一目标之下。当代城市中的各种矛盾就在这种多元杂乱的形象中得到了缓解，并且通过形象的手段把那些被艺术包装起来的城市形态的复杂性予以提高。我们借助于充分的判断标准来对城市形态的复杂性进行解读，我们便会发现，这里的城市形态复杂性实际上不外乎是由爆炸似的无数城市不和谐元素构成的，这些不和谐元素根本不为高级资本所主导的计划所制约。这些重新被发现的艺术实际上又充当了新的伪装手段。工业设计在技术性生产中起着引领的作用，并且在增加消费的努力中协助提高了品质，而这时的波普艺术属于生产活动中残余部分，或者说是被抛弃的部分，它的出现属于最落后的后卫军，而不是先锋队。但是，这恰好反映了一个问题，那就是视觉交流手段必须要同时满足两个要求。艺术拒绝介入生产领域里的先锋派，但它却向我们证明了它在消费领域里的前途是不可限量的。即便是那些曾经被否定过的艺术也都被提升到代表了真正的无用或者虚无主义的作品的程度，如果它们能够通过后门混进来，它们就可以获得自己全新的使用价值，也因此进入到生产–消费这个大循环当中 。

这些艺术有意识地把自己定位在后卫位置上，这样的做法也表明，这些艺术不愿意面对城市中的各种矛盾，更不愿意去彻底地解决这些问题。它们拒绝把过去老式的、功能不全的城市改造成一部没有任何浪费和多余零件的大机器。

4. 关于艺术与技术的乌托邦空想

在这个阶段，非常有必要让民众了解，现代城市中的矛盾冲突、失衡、混乱是所有城市的共性，这些特征都是无法避免的。民众必须要认识到，城市里的这种混乱包含了极为丰富的内涵和有待发掘的潜力，隐藏了无数的可以利用的机会，各项娱乐的内容现在都成为整个社会的新恋物癖的对象。

基于对城市形成的新意识形态而提出的方案可以概括成以下几点：建筑艺术与技术的乌托邦式空想；重新发现让民众参与并介入的手段；预言

未来的“注重审美的社会”；鼓励并号召进行想象力锦标赛式的争奇斗艳。[1]

这时的各种艺术活动实际上扮演了游说宣传的角色，而不是积极参与其中实干。有一段文字很有代表性地对这样的艺术活动加以综合地叙述。我们要在这里引述的文字是出自皮埃尔·雷斯塔尼（Pierre Restany）的《全面艺术的白皮书：关于未来的美学》（*Le Livre blanc de l'art total: pour une esthétique prospective*）[2] 一书。到目前为止曾经出现过的各种理想目标都已经让人感到厌倦，从这样的厌倦情绪中从而产生出各种新思维。这本书很明确地对这些新思维加以陈述。让艺术恢复生命的“新”办法就是提出与过去历史上那些先锋派的理念和主张相一致的理念和主张，只不过换了一些词语罢了。所不同的是，“新”主张已经不再具有从前的历史运动中那种大张旗鼓宣扬的清晰又明确的坚定信念。雷斯塔尼是这样说的：

> 语言的彻底蜕变不过是反映了社会整体结构的改变。为了不断持续地缩小介于艺术（各种新语言的综合体）和自然（其内容已经变为现代、科技、都市）之间的隔阂，技术扮演了一个具有决定性作用的角色，它又是一种必不可少的催化剂。
>
> 技术除了具有巨大的潜力和无限的可能性之外，也见证了在

[1] 关于文字是现象的外在表现，见阿尔甘（G. C. Argan），《“环境结构”大会简介报告》（*Relazione introduttivo al convegno sulle "strutture ambientali"*），Rimini 出版社，1968 年 9 月；夸罗尼（L. Quaroni），《巴别塔》（*La Torre di Babele*），Marsilio 出版社，帕多瓦，1967 年；拉贡（M. Ragon），《建筑思想》（*Les visonnaires de l'architecture*），巴黎，1965 年；博阿托（A. Boatto），《美国的波普艺术》（*Pop art in USA*），米兰 Lerici 出版社，1967 年；门纳（F. Menna），《审美社会的预言》（*Profezia di una società estetica*），米兰 Lerici 出版社，1968 年。

[2] 雷斯塔尼（P. Restany），《全面艺术的白皮书；关于未来的美学》（*Le livre blanc de l'art total: pour une esthétique prospective*），发表在《家》（*Domus*），1968 年第 269 期，第 50 页。

过渡时期里不可或缺的灵活性：它使得一个有追求的艺术家能够超越在艺术表现形式和效果上的作为，能够在艺术自身以及人类想象力方面有所作为。（当代技术实际上确立了想象力的主导地位）从此摆脱了常规的桎梏，生产或者实践不再有任何的障碍，富有创造力的想象成为日常生活里的普遍意识（未来的审美观是人类最伟大希望的载体：这个最伟大的希望就是整个人类集体的彻底解放）。艺术的社会化直接导致了创造力和生产活动的结合，从而达到一种动态综合的目标：技术本身的演变。正是通过这个整体结构的改造，人和现实都找到了自己真正的现代面貌，成为自然的一部分，一切异化都成为过去。

兜了一大圈之后，一切又都回到原点。马尔库塞的神话故事被用来证明，只有沉浸在当前的生产关系中，才有可能达到那个模糊的“集体解放”的伟大目标。“让艺术社会化”并且让艺术来带动技术的“进步”，能做到这一点就足够了。即便整个现代艺术发展的全过程都表明，这样的构想实际上只不过是一种乌托邦式的思想而已，这对眼下的结果也不会起什么作用。因此，人们甚至有可能会接受1968年5月在法国抗议活动中出现的那句意义最为模糊的口号。“对力量（权力）的想象力”（L' imagination au pouvoir），这个口号证明了在抗议和维持现状、象征性与生产过程、逃避与现实政治（realpolitik）之间其实是可以获得妥协共存的。

当然这并不是问题全部的内容。我们在重新确认了艺术具有调停人的身份之后，甚至可以更进一步引申，让艺术获得哲学意义上的自然主义的内涵，据说这正是启蒙运动时期人们赋予艺术的一种性质。这样，“先锋派”

的理论就显露出自己的真实目的。在这些理论家眼里，艺术将取代各式各样的语义分析而成为宣扬自己理论的工具。先锋派的理论对于艺术的定义所显露出的迷惑和模糊都不过是当代城市结构中的危机、城市结构中模糊特征的概括和象征。雷斯塔尼接着说：

> 批判的方法必须要能够有助于把美学的普遍适用性加以推广才行：取代单个“作品”的制作，提倡批量生产；对创造与生产复制两类互补活动从根本上加以明确区分，在所有的综合性尝试中，将实用性的研究和技术合作加以系统化，并运用到一切综合试验领域里；从心理感官上对艺术本身的活动以及杰出的作品进行完整的理解；把环境空间放在大众资讯交流这样一种背景下来作整体考虑；让每一个具体的环境成为健康城市的整体空间的一部分。

有人根据未来学的各种理论以及对自我解放的追求形成自己的观念，并希望根据这些对已经完成的艺术作品进行检验和判断。这些人需要做的事情仅仅是做出某一种选择。他们可以选择美国嬉皮士游牧部落式的居住社区。在这里，“自由”和技术完整地结合到了一起，他们采用了巴克敏斯特·富勒（Buckminster Fuller）的结构体系来制作临时住房，或者选择第十四届米兰三年展中推出的环境设计，或者选择像小索特萨斯（Sottsass, Jr.）那样的性感夸张的设计，甚至选择 1972 年在纽约现代美术馆举办的展览作品那样的室内设计和“计白当黑”式的设计（negative-design）。

5. 设计变革的前夜

我们正目睹着一场风起云涌的地下抗争式的设计运动。但是，与沃霍尔（Warhol）和帕斯卡利（Pascali）制作的电影不同，这些新设计传遍了全球各个角落，形成了一种让人无法抗拒的机制，并且属于一个非常高贵又有地位的圈子，获得了自己的特殊身份。正是通过工业设计和每一个家庭逐渐建立起自己的“微环境”，大都市里那些无数的矛盾又都渗透到私人的住宅里面。当然这些都市里的矛盾在进入私人层面上的时候，又都是一种升华，也是充满了十足的讽刺。设计师阿基佐姆（Archizoom）那些非常聪明的“手段”（games），或者设计师加埃塔诺·佩谢（Gaetano Pesce）那带有单纯困惑的艺术创作，这都说明，这样的设计希望通过每一个人的想象力来实现“自我解放”。也正因为这样，连像奥尔登堡(Oldenburg)或者法尔斯特伦（Fahlström）那种令人恐怖的作品也可以出现在“平和的”家庭生活当中。

设计师的这些“手段”或者设计技巧有的很高明，有的则不尽然，但是它们在设计中被赋予了极大的发挥空间，这是因为在建筑建造业和工业“产品”之间还存在着明确的楚河汉界。人们不禁要问，在如此众多的设计争奇斗艳的情况下，我们是不是处于一个伟大变革的前夜。这场变革是对生产过程的管控，这在全新自动化技术得到广泛使用的时候已经被预见到了的，而建筑工业活动中的技术性重组也将是不可避免的。

然而，我们会注意到一点，即便是在纯粹的意识形态领域里，想借助于“计白当黑”式的设计来达到一种“自我抵制异化”的努力根本就是无用的，它所遭遇到的限制和制约，要远比造型艺术家，如詹姆斯·罗森奎斯特（James Rosenquist），遇到的制约来得更明显。罗森奎斯特在一次接受《党派评论》（*Partisan Review*）杂志采访中就自己的组画作品 *F-111* 作了说明。他是这样说的：

> 最初的想法是，这组画是一种被当作一系列的局部和片断来切割出售的，每一幅画都是一个不完整的局部或者片断；这组画一共由51块彼此独立的画所组成。当你家里的墙上挂着其中一幅的时候，你就会产生一种怀想，因为它只是一个局部片断，是不完整的，因此它就带有一种很浪漫的联想。这和当前的收藏家的某种感情是类似的，他的收藏记录了一段历史或者时代。比如他可能收藏一块建筑构件，那是从第六大道和第五十二街交会处的一座建筑上取得的；这个构件现在不过是一块没有什么用途的铝板，但是在以前，它可能是一片很华丽的屋檐装饰构件，某种看上去更加人性的东西。
>
> 多年以前，当人们看着第六大道上来来往往的车水马龙的时候，那时的交通工具可能都是马车，马路上的运动速度让人感受到如同脉搏一样的跳动、一种肌肉的力量。而他在今天看到的或许只是运动中的某一个瞬间，一下子就闪过的一道光亮；艺术最终会成为什么或许也和这个现象差不多，就像我这幅画一样，它只是其中一个片断，它和那块铝板也没什么两样。[1]

“捕捉动态中的静止瞬间”：罗森奎斯特的这件作品是对大都市生活体验最和谐一致的概括，它完全不同于蒙德里安的《百老汇爵士乐》（*Broadway Boogie-Woogie*）那样的一块“死气沉沉的标牌”之类的东西。即便是像费城的宾夕法尼亚中心、凯文·罗奇（Kevin Roche）在纽黑文设计的高楼、山崎实设计的纽约世贸中心、密斯在曼哈顿设计的大楼，其实

[1] 斯温森（G. Swenson），《作品 F-111：对詹姆斯·罗森奎斯特的采访》（*The F-111: An Interview with James Rosenquist*），《党派评论》杂志，第 32 卷，第 4 期（1965 年秋季），第 596 至 597 页。

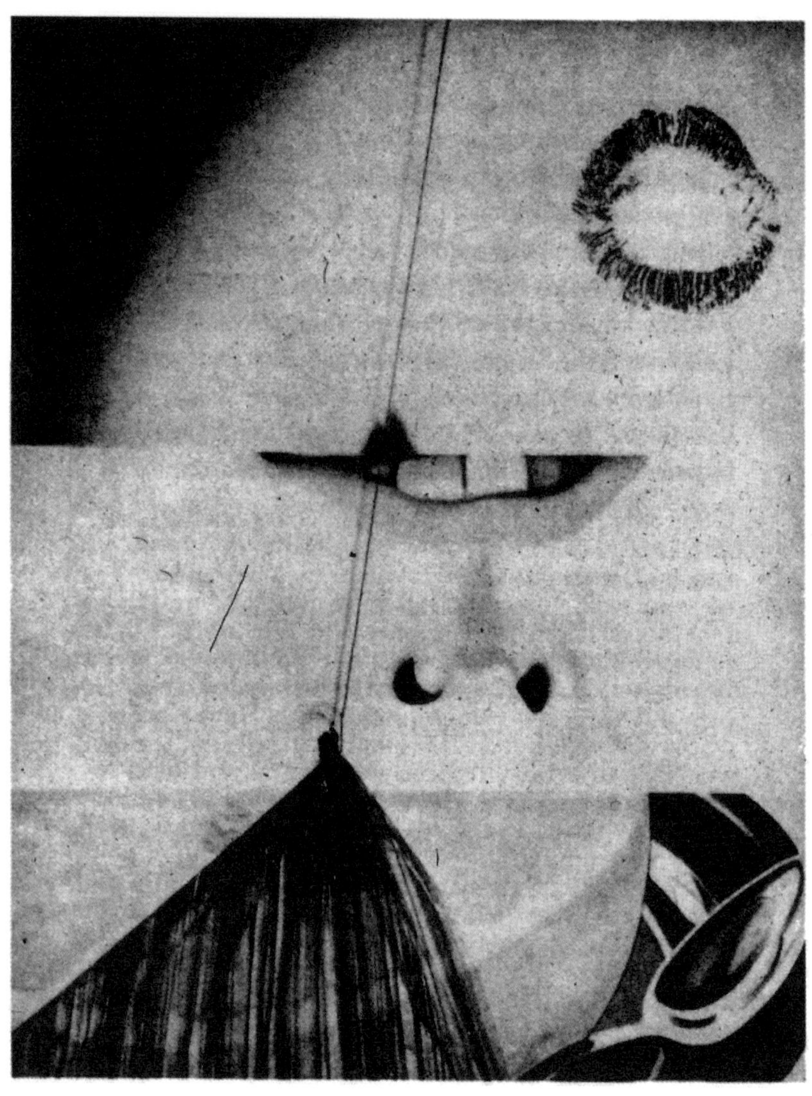

詹姆斯·罗森奎斯特，《早晨的太阳》（*Morning Sun*），1963 年。据 M. L. 罗森奎斯特的解释，上面的摆放方式是正确的。在上一版的排版中，这幅作品被上下颠倒了。纽约 M. L. 罗森奎斯特藏品。

都是一些“完全空洞的瞬间”。说它们空洞并不完全是因为这些建筑的造型简单空洞，而是因为这些“片断”在当今都市中所代表的意义。套用罗森奎斯特的说法，这些建筑所具有的意义没有超越出“一块没有意义的铝板”的范围，它们根本无法打动收藏家。[1]

我们在这里看到这种哑巴一样的空洞建筑造型，我们也看到像鲁道夫（Rudolph）或者伦迪（Lundy）设计的那种故意夸张的建筑造型。也就在这个时刻，我们或许会问，这两者之间有什么本质的区别吗？在这里请特别注意一下波士顿发展中心（Boston Development Center）的建筑设计和伦迪在纽约第五大道上的鞋店设计。

为了要担负起“保持和维护”大都市空间的责任，建筑似乎不得已对自己产生一种惧怕，好像只有通过这种方式，建筑才能赎回自己的原罪。这里所谓的原罪就是指建筑在过去一直认定自己才是组成城市整体结构的不二人选，认定城市的意义完全是通过建筑的专业手段所形成的。那些拥有大学校园的城市实际上形成了一种类似建筑艺术博物馆的性质，它汇集了许多不同的建筑形式，而这些建筑形式是无法在纽约或者底特律这样的城市中出现的。了解到这一点是非常重要的。这一现象在美国尤其明显。密斯·范德罗所鼓吹的那些建筑艺术到现在已经逐渐变成现实。纽约的西格拉姆大厦（Seagram Building）和芝加哥的联邦行政中心（Federal Center）这样的建筑上面绝对没有任何一丝语义学上的内容，因此它们的

[1] 关于这一点，我们可以回忆一下马里奥·埃利亚（Mario Manieri-Elia）对世界贸易中心（World Trade Center）的尖锐解说，《美国战后的建筑》（*L'architettura del dopoguerra in USA*）。

存在正是因为“它们死在那里”，它们也只有通过这样的方式才能够避免成为彻底的失败。[1]

同样的道理，密斯的“沉默”在新先锋派（neo-avant-garde）的各种“嘈杂声”面前更显得不合时宜。但是，这些新近出现的先锋派，他们的主张真的有什么新内容不同于以往历史上出现过的那些先锋派运动中出现的主张吗？通过严谨的学术研究，我们不难看到，除了过去那些意识形态上的观念得到重新提倡之外，真正的新东西几乎没有。事实是，马尔库塞学派借助于想象力，采取彻底否定一切的态度，来恢复人们对未来的某种乌托邦式的幻想。如果抛开这一点不谈的话，那么，与历史上先锋派运动所表现出的那种完整的信念相比，新先锋派显然要缺少某些东西。

事实上，在工业生产领域，形式方面越来越多地被运用到产品中，而眼下出现的情况表现在对于形式过分强调，对于艺术中某种方面的重新发现，那么我们又该怎样解释这种现象呢？这个问题的答案有很多，其中最常见的一个就是借助于语义学和语言的批判性分析工具给出的答案。这一现象的意义很能说明问题。通过这条途径，对于建筑艺术语言“全新基础”所进行的研究就是寻找一个客观的平台，在这个平台上来解决已经出现的诸多问题。

[1] 有解释说，密斯后期的作品与他 20 年代的作品是矛盾的，换句话说，这把他后期的设计看作是放弃了从前的理想，转而冲入新学院派的静谧领域，这是一种错得不能再错的误解。假如我们把他激进的造型元素主义（elementarism）——这个流派构成了 1919 年至 1922 年柏林凄惨苦行僧式氛围的一部分——与达达主义的各种经历分离开来，那么，我们就无法理解密斯·范德罗——也许他是“黄金一代”建筑师中最“难”理解的一位。

第七章　建筑艺术与它的双重特征：符号学和形式

1. 建筑艺术的符号学特征

对于语言理论和交流沟通系统的研究最为欠缺的课题是对他们历史起因的研究。这个现象很能说明我们所面对的问题。换句话说，一个被大家故意回避掉的问题就是为什么要进行符号学研究。要想回答这样一个问题，如果仅仅用语言学各种理论体系中固有的那些困难作为解释，希望借此来说明人们为什么对语言结构本身的分析抱有如此大的热情,显然是不够的。

很显然，人们正在试图给艺术信息表达方式蒙上一层轻巧的意识形态面纱，而为此目的所采用的语义学方法自然也不会带来什么希望，这是毫无疑问的。然而仅仅认识到这种现象的存在，并努力去理解这个现象，显然是不够的。

我们注意到，符号学方面的研究有如雨后春笋般冒出，它们分别应用于各种理论工作，如文学、电影、建筑，但是彼此间的论据则是大同小异，没有太大区别。 这一现象刚好与高度形式化语言的出现完全吻合。形式化语言包括模拟语言和编程语言等。我们可以从这里入手开始我们的分析。

控制论理论的广泛应用导致产生了各种新的可能性，正是这些新的可能性才使得上面这些研究变得不可或缺。为了适应这些动态模型的研究，数学领域出现了新的分支——自动机理论，与新分支相呼应，出现了新的技术。有了新技术，我们才有可能给这些人工语言系统加以明确的定义和分析，比如“通用编程语言”，用于计算机之间、用于操控者和计算机之间的“对话语言”，以及“模拟语言”等。这些人工语言与资本向科学与自动化的使用领域扩张的结果有关，且都是信息交流系统，而这些交流系统又是因为有一个大的发展规划才得以存在的。它们以最高的效率开展工作，是事关全球生产活动整体计划的大工程。如此看来，之所以会创造出这些“人工语言”，是因为科学地预见未来需要有适当的工具，同时也是因为在经济计划领域里使用了“博弈论”，它也需要这样的工具。这也就是说，当资本走向对未来发展的全面控制的时候，我们正经历着这一过程的初始阶段。

20 世纪初，人们开始了系统性的研究。最初的系统性研究把重点放在了属于艺术和非文字类各种语言的传递信息能力上。现在让我们先把注意力集中在这个上面吧。

在研究中，我们发现了各种艺术语言最本质的象征意义，发现了艺术语言的多重含义和模糊性。我们尝试着用信息理论的办法去“测量”艺术语言“传递信息的量子数量关系”，并且把它们传递信息的能力与背离过去的正统规则联系起来,也就是俄罗斯形式主义理论家所说的语义学变形。这一切构成了全新分析方法的基础。但是，这些新基础也同时衍生出一系列的连带效应，对此我们必须给予足够的重视。

首先，对于美学信息交流的问题采用这种“形式”上的方法，这为 20 世纪初的先锋派运动提供了强有力的理论基础。具有强大影响力的

OPOJAZ（诗词语言研究会）关于俄罗斯未来主义的理论学说就是一个最为突出的实例，因为在这个实例中，艺术本身与分析方法之间的关系得到非常清晰的论述，而且是得到艺术历史事实的佐证的，但是，先锋派的全部理论都是可以这样来解读的。

其次，我们必须要记住，维特根施坦因（Wittgenstein）、卡纳普（Carnap）、弗雷格（Frege）等人的贡献几乎同时分别确立了语法、逻辑和符号的相互关系。这也是因为有了这些人的贡献，才使得皮尔斯（Peirce）的研究有可能进一步明确地指出，那些毫无象征意义的单纯记号，或者说毫无语义学意义的单纯记号，在什么样的条件下可以加以运用来表达一定意义。

但是，在第一次世界大战之前很多年，先锋派的艺术家就已经“发明”了自己自成体系的造型方法，使用一些没有任何象征意义的单纯形式记号，难道不是吗？从根本上讲，马列维奇（Malevich）的作品《非客观的世界》（*Gegenstandlose Welt*）与埃尔·利西茨基的作品《普罗恩》（*Proun*）是同一种东西，它们与胡戈·巴尔或者施维特斯那些用象声词创作的诗歌中没有具体意义的单个音节、与豪斯曼的那些照片剪裁拼贴画之类的作品也是一样的。范·杜斯堡（Van Doesburg）的基本元素风格也好，或者不少杂志鼓吹的那些风格也罢，这些艺术作品只不过是把先锋派曾经展现过的那些挣扎体验变成了清晰的标准规则而已。这里所说的艺术杂志包括 *Mécano*、*G*，或者 *MA*。

我们重新发现，让一个没有意义的记号改变性质是可能的，让那些无声又麻木的语言“材料”变得可以随意地被拿来表现彼此之间的一定关系也是可能的，这样的事实完全排除了把艺术变成表现“政治”理念或者表达出一种抗议的手段这样一种可能性。先锋派艺术中唯一的乌托邦空想成分现在只剩下在科技方面的空想了。这个结论在诸如莫霍利·纳吉（Moholy-Nagy）、汉内斯·迈耶（Hannes Meyer）、施维特斯或者瓦尔特·本雅明等大师级人物身上表现得十分清楚。我们只要看一下莫霍利·纳吉在 1922 年写的文章《构成主义和无产阶级》（*Konstruktivismus und das Proletariat*）[1] 就可以证明这一点。在那篇文章里，过去曾经被柏林达达派的艺术家、行动小组（the Aktion group），以及众多的苏联艺术家团体贴在构成主义艺术身上的各种“革命的”标签都被毫不留情地撕了下来。但是这样的思维模式是和风格派如出一辙的，捷克斯洛伐克具有浓厚政治色彩的艺术团体 Devetsjl 也是如此。[2] 我们所感兴趣的地方正是，先锋派中对乌托邦空想持否定态度的这些团体（从苏联的未来主义到达达派）[3]，它们的虚无主义观念中包含了浓厚的具有“积极建设性的”对技术的憧憬。语言学上的记号所累积的那些象征性意义被捣毁，各种记号被净化得几乎不存在了，各种记号之间的组合关系可以随意搭配：所有这一切工作都有

[1] 它的英文译文《构成主义和无产阶级》（*Constructivism and the Proletariat*），该文收录在由克斯特兰内兹主编的《莫霍利·纳吉》（*Moholy-Nagy*）一书中，1970 年纽约 Prager 出版社出版，第 185 至 186 页。根据西比尔·莫霍利·纳吉（Sybil Moholy-Nagy）的说法，这篇文章最初的德文版刊登在 *MA* 杂志的 1922 年 5 月那一期。但是事实上，那一期杂志里面是没有这篇文章的。除了这个文献出处不确定的问题之外，莫霍利·纳吉在这篇文章中所坚持的立场也很难说有什么独特之处。

[2] 关于 Devetsjl 流派以及捷克斯洛伐克前卫建筑艺术家的一般论述，见普罗哈兹卡（V. Procházka）的文章，《30 年代捷克斯洛伐克建筑师在苏联的活动》（*L'attività degli architetti cecoslovacchi in URSS negli anni Trenta*），文章收录在文集《社会主义、城市和建筑》（*Socialismo, città,architettura*）中。

[3] 把未来主义艺术家（Futurist）和达达主义艺术家（Dadaist）的嘲讽取笑变成后来艺术活动的新样板，这种必然的、进步的转变可以成为一项很好的研究课题。事实上，在达达派以及马里内蒂的最有代表性的作品里，对于各种价值的否定很明显是与韦伯的超越价值判断（Wertfreiheit）直接相关的，换句话说，就是尼采用戏剧性语言早已宣称过的“远离价值的自由”是行动无法被取代的条件。

很具体的可操作性，它们都直接取决于对现有的整套规则的彻底否定，这是一条基本原则，先锋派理论就是建立在这一基本原则之上的。

但是，用没有自己意义的记号随意组合拼凑体系，并把这种体系所表达的含义同彻底根除任何含义的理论（theory of the permanent destruction of sense）联系在一起，这样的理论就是不停地寻找语言中所包含的本质上的模糊性，或者多义性，这说明了以下几个方面的问题。

① 它说明现实情况具有绝对的主导权。在日常生活的这个现实世界里，艺术手段的表达和交流体系就是根据具体情况来进行自己的“操作”的。也正因为这样，皮尔斯和莫里斯的符号学才与这里所说的过程有关。

② 它说明新的体系保持着与现实世界的距离，保持着同现实的距离。一位名为马克斯·本泽（Max Bense）的研究技术美学的理论家使用了一个术语“并列的真实”（co-reality 或者德语里的 Mitwirklichkeit）十分恰当地描述这一美学审美过程，它不同于现实的物质真实。

③ 它说明了一种全新标准的建立，该标准成为唯一的正统权威的语言、文字“标准”，先锋派艺术中使用的就是这类文字和语言，它不仅具有极高的不确定性和不可能实现性——也因此具有极高的数量的信息——而且其内部的关系也一直处于不断变化之中。事实是，先锋派艺术家都坚信自己会永远有计划、有纲领地进行不断创新。

从以上我们所说的这些要点来看，很明显，现代语言学和先锋派艺术运动已经建立起非常紧密的关系，至少在 20 世纪 30 年代之前是这样的。记号的完全独立性与它的组合运用从根本上讲不仅仅属于符号学与行为分析的范畴，而且也同先锋派艺术进入生产领域和公众视野的方式有关。

2. 建筑艺术的形式特征

视觉上的信息交流与生产过程直接相连是受到上面所说方式直接影响的，而且它是影响最大的一个方面。这一点绝对不是偶然的。建筑作为城市现象中的一个元素，甚至在这一领域里没有选择地继承了先锋派运动的全部遗产。我们只要看看勒·柯布西耶本人同立体主义和超现实主义的复杂关系就可以明白。[1] 但是，在建筑领域里，最大的矛盾也是因为语言分析和生产体系之间的关系而出现。一旦艺术（建筑）变成了物质生产环节的一部分，被纳入那个生产机制当中，艺术的实验性特点，也就是它的“并列的真实”特征，就必然会被伤害。

在这个时刻，在语言学和建筑艺术之间便开始出现裂痕，梅利尼科夫（Mel' nikov）那充满戏剧性色彩的个人经历就足以证明这一点。就是说，这位最坚持自己理念的俄罗斯建筑师用自己的亲身经历证明了这一点。他曾经试图把斯科洛夫斯基或者艾肯鲍姆（Eichenbaum）的形式主义观念应用到建筑艺术上面来，建立一种建筑艺术的方法。实际上，假如艺术向外界传递信息的系统只是反映出其内在整体结构规律，假如建筑艺术可以根据自己的特性把自己仅仅当作一种语言试验，而这样的试验也只能是通过某种间接的方式或其内部组织的极端模糊性或多义性来实现，假如语言学上的“基本材料”都没有个性，对任何事物都无动于衷，它们的差异仅仅是彼此之间的区别和互动，那么，我们所能选择的途径只有一条，那就是

[1] 勒·柯布西耶与超现实主义流派之间的关系，莫斯（S. von Moos）曾经在自己的著作中有过概括性的描述，见《勒·柯布西耶：综合中的多种元素》（*Le Corbusier: Elemente einer Synthese*）。

采用最彻底、最具政治色彩又不可知的形式主义。也就是说，可供我们自由、主动选择的只有那远离实际的形式主义，它才能让此类的建筑艺术得以存在。当梅利尼科夫在巴黎塞纳河畔的停车库建筑上，或者在莫斯科重工业委员会办公大楼上，硬是加上一些非常俗气的女像柱的时候，他对于语义学方面的变形规律以及冷漠对待艺术语言“材料”的理念实际上是十分尊重的，是非常虔诚的。但是，把“文字作品”的定律嫁接到建筑艺术上面来显然毫无用途。请注意，这里所说的毫无用途有两层意思：一层意思是物质材料方面的，严格意义上的形式主义不是说它完全不能遵守技术定律和恪守计划纲领，但是极其困难；另一层意思是政治方面的，由于形式主义要求自己远离现实，它与实际严重脱节，因此它根本失去了任何宣传和鼓动的价值，不再适用于政治宣传的目的。

无论怎样讲，一个基本事实是，整个现代运动要求自己对自身的过程进行从内部展开的批判。同时，一个广为人知的基本前提是假设目标存在，艺术批评理论的任务总是努力地消灭理论本身。

我们现在清楚地知道，建筑的历史过程以及当前为什么会出现如此众多的各种理论，诸如符号学理论、信息理论、各种语言学方面的理论等，实际上它们是相互关联、彼此呼应的。

希望通过从内部结构来寻找重新振兴建筑艺术的方法，这种尝试出现的时刻正是先锋派对语言学领域的研究抛弃“模糊、多重意义”的表达方式的时候，也正是在这个时候，在生产领域的核心通过创建人工编程语言来取代过去传统语言。

换句话说，就是从追求革新的理念上进行理论分析转向了革新的实际操作过程。现代语言学也立即跟着走向这条道路，至少从资本主义发展的角度来看是这样的。与此对应的是先锋派艺术所选择的道路，情况有些相似，但是方向恰恰是相反的。乌托邦式的空想就是要创造出一个“完全”以技术为主导的世界，从这样一个模型出发，在这个技术世界逐渐变成现实的过程中，先锋派艺术也就自然地成为一个附属品。先锋派摸着石头过河的操作方式根本不可能遮掩住自己的真实企图。[1]

在建筑艺术领域里，如在20世纪60年代出现的那样，试图重新找回先锋派的角色，同时又采用了当时出现不久的信息科学理论中的各种分析工具，至于这些理论是多么肤浅或者不严谨，那是没人在乎的事情。这说明在现代运动的新尝试与传统的乌托邦式空想之间出现了裂痕。它同时也说明那些内在矛盾又都回来了，俄罗斯的形式主义从前曾经与之发生过冲突。因此我们说，西方理论界对于苏联先锋派实践经验不加评判地予以坚持和推崇也并不令人感到惊奇。

但是在另一方面，在这样一种类似《莫兹》（*Merz*）作品那样杂乱又没有秩序的城市当中，把建筑艺术简化为“模糊多义的物体”，这说明人们完全接受了建筑艺术属于边缘上无关紧要的东西，扮演着上层建筑领域里的一个角色。这个角色是那些在土地上大兴土木的资本家所赋予建筑艺术的一种角色，把建筑艺术当作纯粹的与意识形态相关的一个现象。

面对这样的现象，我们不应该觉得有什么值得大惊小怪的。真正让我们感到惊奇的是，建筑艺术的自我批判并没有抓住问题的实质根源，建筑艺术反而要从符号学的方法中借来一些新的意识形态包装自己，把自己隐

[1] 见恩岑斯贝格尔（H. M. Enzensberger），《前卫派的困惑》（*L'aporia dell'avanguardia*），《新天使》（*Angelus Novus*），1964年，第2期，第97至116页。

藏起来。

这种现象实际上是很容易解释的。建筑艺术是想通过符号学来寻找自己的意义，但是，它同时又因为自己从根本上已经失去了全部的意义而感到痛苦万分。正因为如此，更深一层的矛盾便紧跟着出现了。这时的建筑艺术已经接受了一种理念，把自己变成了纯粹的一种记号，它的整体结构在构成上是一种复杂的组合关系，汇集了许多同类重复的东西，这种组合关系不断地重复自身，借用信息论的话来讲，就是让其中的“负熵”达到最大。这样的建筑艺术根本不可能通过分析的手段来重新产生出“另外的”什么意义来。这里的分析手段从起源上讲都属于新实证主义理论在建筑理论方面的运用。

不管怎样讲，从语义方面对语言进行的分析，确实已经让文学艺术领域里的先锋派作家把自己的意识形态理念推向了一个小高潮。历史上最初的先锋派的理想抱负，以及 20 世纪六七十年代新出现的所谓新先锋派的追求，加上那些把艺术作品当作是语言组合规律的某种全新尝试的做法，所有这些抱负和追求，都必须要接受具体现实的检验和衡量，在新计划大纲指引下所出现的有关信息传递的全新可能性，接受这些新东西的检验和衡量。

不仅如此，我们还必须注意到，艺术领域里的不确定概念、艺术作品的开放性，以及模糊性的概念，都提升到了具有某种无法回避的强制性机制的地步。对于这些概念的认识在绝大多数情况下恰恰出现在人与机器交流时运用的那些新手段上面。所谓属于机器时代的音乐（music ex machina）便是一个最为典型又明晰的案例。

意识形态或者思想理念，在它吸收了乌托邦空想的成分以后，就不可能再继续为后来的计划纲领的制定者们提供新的线索。凡是表达某种思想观念的具体作品，比如视觉艺术、文学、音乐以及它们衍生产品中的具体技巧和手法，都不可能预示着今后的发展方向：当预测未来的手段打破了自己的终极模型之后,它便不再具备代表新意识形态和新思想观念的身份。

这个过程也同样地反映出问题症结所在。意识形态被排除在发展之外，因此意识形态也就反过来要阻碍发展。为了表示自己的抗议，意识形态必然要拼死一搏，力争最后翻身。意识形态不再有机会以乌托邦空想的形式出现，它只好自我陶醉于怀旧的冥想之中，怀念着早已过去的角色，或者同自己争辩起来。从波德莱尔和兰波（Rimbaud）那里，我们早已熟知，对于现代艺术来说，其内部的争论实际上是它赖以生存的方式。

但是，任何来自外部的努力，希望能对理论工作形成影响，这样的可能性都早已被排除掉了。这个事实仍然没有改变。人们有一种幻觉，认为外部的作用可以通过反叛现有的思想理论来达到其目的，这不过是对自己加以粉饰而已。除此之外，也就只有向后看了，“鼓励说些美好的东西”，回忆资产阶级文化中消失了的“快乐时光”：把意识形态当作“伟大崇高”的目标已经于事无补了。但是，从历史经验来看，形式主义总是到最后把形式作品当成一种宣传手段，这绝不是偶然的。

然而，一种完全采用结构主义观点的批评理论实际上是根本无法“解释”一件作品给人的感受的。它除了能够“描述”一下作品之外，别的什么也做不了，这是因为这套理论所能够使用的逻辑都是基于一系列的对否或者正确错误之类的选项,它也正是类似于控制电脑功能的那种数学逻辑。马克斯・本泽就曾直接参考了哈特曼（R. S. Hartmann）的论文来讨论价值的数学衡量方法。[1] 在一个艺术作品也可以大量复制的时代，它的整个复制过程都是由自动化的逻辑来控制的，甚至连计算机都不会介入这个过程的设计中来。莫霍利·纳吉于 1922 年以电话为主题制作的那种作品不仅仅预示了今天的自动化装配生产线上出产工业化建筑的流水作业过程，而且也彻底地澄清了一个问题，说明了在什么样的情况下，一件艺术作品才不会变成向后看的怀旧空想。但是，阿多诺（Adorno）恐怕会喜欢这样做，不会“有意识”地让自己异化，制造出一些无聊的作品。

因此，对于建筑和艺术来说，完整严密的结构主义能够做的只有一件事：在资本主义不断发展和演变的世界里，在进行全面整合的过程中，它能够为建筑和艺术自身的功能性质提供一个准确的衡量数据。

但是，这恰恰不是建筑艺术所希望得到的东西，建筑艺术也不可能接受这样的东西。同时，这也不是结构主义在各种表述中所承认的属于自己的一项任务。之所以出现这样的情况，是因为，尽管符号学本身与结构主义方法有着复杂的关系，但是符号学实际上是一种意识形态观念；更准确

[1] 本泽，《现代美学基础概论》（*Zusammenfassende Grundlegung moderner Aesthetik*），收录在《美学》（*Aesthetica*）中，巴登巴登 Agis 出版社，1965 年，第五部分，第 319 页起。关于这一点，帕斯夸洛托（G. Pasqualotto）曾经这样写道：“一个美观物件的价值并不是物件本身所固有的，这一点是毫无疑问的。然而，赋予它的价值也并不是‘传统上’理解的那种价值，这一点也是没有疑问的。传统的价值，是依据纯粹价值理论范畴或者依据可靠参数而言的，但是，现在的价值是用‘可描述性’（describability）来描述的。换句话说，价值的‘质量’好坏，因为是可以描述的量的多少，所以失去了无法衡量的、形而上的韵味（aura），从而被转换成可以衡量数量的现象。品评因此变成了简单的描述。”帕斯夸洛托（G. Pasqualotto），《前卫派与技术》（*Avanguardia e tecnologia*），第 30 页。

地讲，是一种关于信息交流和传递的意识形态观念。[1]这个既是单一又是集体的发展世界必须要有交流的纽带把它绑到一起，以便出现任何断裂都会得到修补，出现内讧也会得到平息，真实地反映出生产过程中的矛盾。因此，多义性（模糊性）的诗篇（poetry of ambiguity）所讴歌的恰恰是一个事件，在那里，民众成了都市生活的主角，而这个主角又是被都市左右了的。在这样的大背景前，本泽注意到，抽象的表现主义绘画（Farbtexturen）与描绘都市景观的绘画（Geschwindigkeitstexturen）二者各自的结构是存在着类比关系的，彼此很相似。这一点很重要。[2]

现代城市的形态作为一种理想化的乌托邦空想，仍然试图保留住城市的外部形式，或者说它试图在充满动态变化的城市结构中，保留住城市形式方面的基本原则。在城市结构中，历史上的先锋派所留下的痕迹还在延续，还在发挥着自己特殊的作用。城市为大家提供了一个发布广告的场所，它也作为城市宣传自己的一个地方，是各种信息集中汇集的地方。它的整体结构就如同一部机器在连续不断地释放出各类信息：不确定性成了它最具体的形式，它是城市作为整体唯一能够被确定下来的东西。正是在这样一种状态下，发展演变中的语言被赋予了自己的形式，使得它成为日常生活中的一种非常具体的体验。

---

[1] 见卡恰里，《笛卡儿式的生活是最简单的》（*Vita Cartesii est simplicissima*），《反计划》（*Contropiano*），1970 年第 2 期，第 375 至 399 页。

[2] 见本泽，《都市与符号学》（*Urbanismus und Semiothik*），收录在《美学的信息理论初步介绍》（*Einführung in die informationstheoretische Aesthetik*），汉堡 Rowohlt Taschenbuch 出版社，1969 年，第二册，第 136 页。

讲到这里，我们现在实际上又回到了我们最初的主题。人为地制造出一些计划的语言（languages of the plan）是不够的。很有必要使得普通民众也成为发展计划的一部分，让民众成为城市整体形象的一部分，成为城市这个信息交流网络的一部分 。信息交流的主体永远都是资本主义整合计划的“必要性”。关于这一点，理查德·迈耶（Richard Meier）的分析讲得十分清楚。[1] 因此，如果你想问，语言分析的手段是否可以通过抽象的方式被运用到历史的研究中来，这个问题是不成立的。在我们看来，我们只能够检验一下这些分析方法的边界条件是否可以用来作为“边界条件”的某种批判工具。因此，把马克思主义理论和结构主义理论相结合的可能性被排除了，然而，一个事实仍然存在：尽管意识形态在所有的方面似乎是无能为力的，但是它仍然具有自己的整体结构性质；也因此，它也和其他所有的结构相类似，也是历史的产物，也是属于过渡性质的。要找出它的那些具体特性，在发展过程中的某一个阶段，把在某一个具体条件下所形成的总体目标纳入考虑范围,来评估一下它可以发挥出自己作用的程度，这是我们批评理论所能做的唯一工作。我们的批评理论绝对不只是单纯地描述问题。

[1] 迈耶（R. L. Meier），《都市成长中的一个传播理论》（*A Communications Theory of Urban Growth*），MIT 出版社，马萨诸塞州坎布里奇，1962 年。

第八章　结束语：塔夫里提出的若干问题

我们在前面讨论过一些有一定价值的批评理论，但我们处于一种既存的社会机制当中，这种机制故意回避了眼下亟待解决的问题，因此我们很难把这样的理论与眼下的社会机制整合到一起。不可否认的是，我们正面临着众多彼此相关的现象。一方面，建筑生产被看作更大范围内全面计划的一个组成元素，这一观念将继续降低建筑艺术作为体现意识形态载体的作用；另一方面，经济和社会方面的矛盾也以前所未有的速度在大都市里集中体现，这也基本上阻止了资本的重组。面对城市秩序的逐渐理性化过程，当今社会中，各种政治力量、经济势力的综合表现，也让我们看清，他们并没有兴趣要找到某种途径或者方法，来实现当初现代运动的追求，让建筑艺术体现出先锋派的那些意识形态主张。

换句话说，意识形态很明显是根本没有用的。都市的不精确性以及计划的各种意识形态思想作为司空见惯的老生常谈，只能被别人当作老古董或者纪念品牌来收藏。在面对资本直接介入土地的管理这一现象时，“激进的”反对力量（其中包括工人阶级的一部分）都在资本发展过程中的最高层次里，避免与其发生面对面的直接冲突。反过来，他们却把资本在发展之初所使用过的意识形态观念接过来使用，而这样的观念实际上早就被新的资本家抛弃了。正因为如此，反对力量总是误把次要矛盾当成最主要的根本矛盾。

在重新组织城市建设活动和改造城市的过程中，城市立法部门在各种工作中的难点在于，他们产生了一种幻觉，认为只要在城市建设中有了规划就万事大吉，把争取建立起某种城市规划变成了阶级斗争的目标。

核心的问题还不在于用好的城市规划设计来抵抗不好的规划设计。然而，假如我们可以使用羔羊对付狐狸那样的机智来找出相对好一些的规划，避免不好的设计的话，那么，我们就可以从中理解一些影响规划整体结构的基本要素，以及这些要素是如何根据每一个城市中工人阶级的不同需要来左右城市规划结构的。这也就意味着我们不再追求建立“崭新的世界”这样的梦想。当理性的基本原则变成计划的时候，新世界的梦想便随之产生，而现在对于这个梦想的搁置并不是说“彻底放弃”。我们现在认识到旧机器已经失灵，这仅仅是第一步。我们也必须时刻记住所面临的危险，那就是知识分子理论家常常把资本在自身理性化过程中抛出来的议题当成自己的使命和意识形态观念。[1]

[1] 特尤蒂（Mario Tronti），《马克思、劳动力和工人阶级》（*Marx, forza lavoro, classe operaia*），收录在《工人与资本》（*Operai e capitale*），都灵 Einaudi 出版社，1966 年。特尤蒂曾经这样写道：“我们再也看不到对于资产阶级思想进行的伟大的抽象合成，只看到一个最庸俗的、从事各种资本实践的经验主义邪教组织；再也看不到结合知识和科学原则的逻辑系统，只看到一堆无序的、彼此毫无关联的历史事实，伟大的壮举没有人再去设想。科学与意识形态又再次混杂在一起，而且彼此又是矛盾对立的；然而，并不是在为永恒的理想对各种思想进行系统化梳理，而是为了应对每天进行的阶级斗争的各种事件。资产阶级意识形态的所有可以发挥作用的工具和设备，已经被资本正式委托给工人阶级运动的官方代表。资本不再直接经营自己的意识形态；它把这个工作交给了工人阶级运动。这也是为什么我们说，在今天，意识形态批判主要是一项与工人阶级相关的任务，其次它才是与资本相关的。”

很显然，无论在哪一个层次，工人阶级针对城市和区域的整体结构所展开的斗争，都是通过一个极为复杂的计划发展大纲来加以解决的。即便我们在这里所说的复杂情形完全是因为经济领域里的各种矛盾而产生的，比如眼下的建筑工业所处的情形，要想解决这个问题，也必须有一个庞大又复杂的计划大纲才行。在对意识形态进行批判之后，对现实进行分析的时候，我们还要面对"因为立场不同而坚持的政治偏见"问题。在现实社会里，我们总是有必要认识到其中隐藏着的趋势和走向，认清互相矛盾的策略到底有着怎样的真实意图，认清那些在表面上看起来彼此独立的经济实体到底有着怎样的利益关系。在塔夫里看来，建筑文化将会接受这样一种操作层面的工作，为此，我们必须了解还有一个任务一定要开始启动。这个任务是让工人阶级直接面对高度发展的资本主义在发展中所取得的最高成果。我们在这里说的工人阶级是一个有组织的政党或者工会，而不是某个个人。同时也要把每个具体的项目同一般的普遍设计规律结合起来。

但是，为了做到这一点，我们有必要对新出现的现象和社会的新生力量有充分的认识，即便从单纯的规划设计技巧方面来讲，也应该如此。

塔夫里曾经说过，在与制定计划发展大纲相关的众多领域里，所谓的危机就是我们说的追求平衡这样的意识形态出现了危机。一方面，我们有苏联的第一个五年计划这样一段历史；另一方面，我们有为应对经济危机而出现的后凯恩斯主义的经济学理论。[1] 对于任何一个具体的区域来说，

---

[1] 关于苏联第一个五年计划初期的经济历史，见《反计划》（*Contropiano*）杂志的 1971 年第 1 期，该期内容全部是关于苏联时期的工业化问题；特别需要指出的是其中两篇文章，一篇是卡恰里的《发展理论》（*Le teorie dello sviluppo*），另一篇是达尔科（F. Dal Co）的《发展与工业的本地化》（*Sviluppo e localizzazione industriale*）。

那里的动态多变情形根本就无法运用所谓的平衡理论。现在的很多尝试都在探寻取得平衡的方法，找到危机和发展之间的联系，找到技术革命与资本构成剧烈变革之间的关系，但是，一句话，所有这些尝试都是行不通的。城市和一个区域在空间规划设计上或许可以达到某种平衡，但这绝不能算作是一个解决问题的方案，而只是一种权宜之计罢了。

从 20 世纪 30 年代起，克里斯塔勒（Kristaller）、勒施（Lösch）、廷贝亨（Tinbergen）、博斯（Bos）等人提出过一些规划设计的分析模型，预示了分散生产中心使之区域化。我们在评判这些规划设计的时候，不应该纠缠在某些具体的不足之处，或者用意识形态方面的标准来衡量，而是应该注意在这些方案背后所假设的经济模式。有趣的是，越来越多的人对于 20 世纪 20 年代苏联的一位理论家普列奥布拉任斯基（Preobražensky）的理论表现出极大的兴趣。他的计划经济理论的建立是基于动态的发展，基于一个有组织的非平衡系统，基于一种外在的干预，这种干预可以确保大规模生产的不断革命。普列奥布拉任斯基作为计划经济理论的先驱者角色越来越为人们所承认。[1]

我们还必须注意到，针对某些具体的地区来制定发展大纲，同时也包括那些因为具体技术制约和特殊需求而形成的封闭区域。到目前为止，我们在绝大多数情况下所采取的具体规划设计手段，仍然只是停留在寻找某种静态形式上打转，所遵从的策略也不外乎排除任何影响平衡的东西。从过去静态的造型形式转换到动态的创造模式，这种改变似乎是资本主义发

---

[1] 见卡恰里，《发展理论》（*Le teorie dello sviluppo*）。见卡恰里和莫塔（C. Motta）二人正在对普列奥布拉任斯基的各种理论进行系统的研究。

展所提出的必须完成的任务，以便随时更新制定大纲的方法和技巧。

规划设计不再是简单地反映出发展过程中的某一个“瞬间”，它必须能够反映出自己代表着一个全新的具有强制性特征的政治手段和权威。[1]正是通过这样的方式，那种简单又纯粹的各专业之间的交流将会被彻底地淘汰掉。这种交流即使在具体的实际操作层面上也是行不通的。

[1] 萨拉切诺（P. Saraceno），《70 年代的计划纲领》（*La programmazione negli anni '70*），米兰 Etas Kompass 出版社，1970 年。由萨拉切诺发出的一项呼吁，意在超越被他称为具体小目标的计划，去追求一个在总体上有计划的行动。这项呼吁刚好符合计划的某种概念，它抛弃了 20 世纪五六十年代盛行的那种做法，那时的计划理论都是以系统化安排和分门别类处理为特征的。萨拉切诺写道：“如果说，制定计划纲领具有一般总体性特征，它的实质性内容就是制定出具体的目标，把公共领域中的一切活动都纳入一个系统当中。与许多领域里所进行的公共事务完全不同。那么，制定计划纲领就是一个过程，它提供了一种手段，可以用来比较政府各项计划工程的成本，也可以用来衡量每一项成本与整体可预见的预算资源占比。采用类似的过程可能更适合于一个有计划的社会，而不是一种有计划的经济体制。”我们应该注意一点，萨拉切诺提出的“一般性计划纲领”根本不是一种有约束力的计划：它的唯一正式作用就在于“时不时地提醒人们注意整个系统目前所处的状态——大约每次的间隔不超过一年时间”。具有重大意义的地方在于它要求创建一种全新的体制，来实现这样的一种协调工作。再完成 80–工程（Progetto 80）的报告。这是一份关于意大利经济与城市现状的报告，还包括对于到 1980 年的发展可能性的展望。这份报告是由发展部在 1968 至 1969 年组织一组经济学家和城市规划专家团队完成的，人们对这个方法给予了积极评价，确认了报告中所采用的这个思考方法主线。萨拉切诺问道：“实际上，这个 80–工程到底是什么呢？它对国家层面上目前看起来意义重大的各种问题进行一次系统性的评估，也是对新体制进行一次评估，对于解决这些问题来说，这个新体制要比现有的体制在推进解决问题方面更有效。如果我们的公共事务都被有秩序地纳入以上所说的这样的系统中，那么，这份报告的作者们实际上就创造出一个可以叫作计划纲领–后续评估（program-verification）的体系。”尽管萨拉切诺的技术性的展望也是不无乌托邦思想的残存，“应该建立起一个规定，凭借着这样的规定，社会中的各种势力凭借道德的力量严格遵守着为解决问题而有必要使用的各种资源的程序。”

我们把“决策理论”塞进自我规划的控制论系统以后，霍斯特·里特尔(Horst Rittel)曾经清楚地向我们展示出，这个做法到底意味着什么。同时，我们也会理所当然地联想到，他的那种推理在很大程度上反映出那仍然是基于乌托邦空想的原型。里特尔曾经这样说过：

> 价值系统不再有可能会保持长久不变。至于我们能得到什么，那完全取决于当时有什么，而当时有什么又取决于我们需要什么。设备的目的和功能不再是相互独立的两个变量。在决策理论的范围内，这些变量有着彼此制约的相互关系。一种价值的定量是在一个更大的范围内加以控制的。由于必须面对未来发展的不确定性，发展方向或许会改变，因此希望能够建立起严格的决策模型，并希望保持这个模型长期稳定不变，这简直是匪夷所思的事情。[1]

决策论必须确保“决策系统”本身的灵活性。很明显，现在的问题不再是单纯的价值衡量标准问题。更高层次上的计划所必须回答的问题是：“从整体上来说，什么样的价值系统可以保证自己完美一致、没有内部矛盾，同时能够确保具有一定的灵活变通能力，能够在变化中继续生存？”

对于里特尔来说，一个衡量判断系统的产生是来自于计划自身的整体结构。计划和“价值”之间的冲突因此被化解，这一点马克斯·本泽在自

[1] 里特尔，《关于决策理论的科学与政治意义的思考》（*Ueberlegungen zur wissenschaftlichen und politischen Bedeutung der Entscheidungstheorien*），最初这是《系统性科研研究小组》（*Studiengruppe für Systemforschung*）中的一篇报告，海德堡，第 29 页起。该文收录在由克劳赫（H. Krauch）、孔茨（W. Kunz）、里特尔三人主编的文集《研究设计》（*Forschungsplannung*）中，慕尼黑 Oldenbourg 出版社，1966 年，第 110 至 129 页。

己的理论中曾经作过明确的论述。[1]

这种现象出现之后，后续又是什么呢？我们还没有论述过。规划的整体结构以及设计的全面组织在后来会是什么样的情形，这还是一个没有结论的问题。但是，这个问题我们必须严肃面对，有启发意义的试验也必须有针对性地进行。

在这样的情况下，历史上的建筑艺术曾经扮演过的角色还有什么可以保留呢？当建筑艺术在这样的过程中逐渐消失的时候，在达到怎样的一种程度的那一瞬间，它会变成一种单纯的经济元素？在多大的范围内，建筑艺术自身的决策会反映到更大的系统上面呢？在当今我们所面对的这种建筑艺术境况下，要想圆满、全面地回答这些问题是非常困难的。

对于建筑师来说，他要面对的一个事实是，他发现自己现在已经不再是意识形态观念的积极代言人了，他同时认识到在城市规划设计方面，技术提供了无限的可能性，伴随着这些新的可能性也出现了大量的浪费，某些设计方法在找到付诸实践的机会之前就已经变得过时了。所有这一切形

---

[1] 帕斯夸洛托（G. Pasqualotto），《前卫派与技术》（*Avanguardia e tecnologia*），第 234 至 235 页。帕斯夸洛托曾经这样写道："本泽在自己的分析中采取了多种不同的方法和步骤，这代表了他的一般性结论必须依赖于某些前提条件和分析基础，同时也说明了某种政策的绝对缺失，这种政策就是本雅明针对技术的积累而提出来的。这些方法和步骤构成了一连串的充满激进思想的基本元素和整体结构，形成了属于美学范畴和伦理范畴的价值与判断标准。这一连串的过程已经证明，它们在揭示技术目的性（technische Bewusstsein）方面发挥着作用，这个技术的目的性代表了它存在的基础。反过来，技术目的性又在构建'新的主体性'的时候成为一种决定性因素，而新的主体性则在努力达到'新的合成'这个目标：技术目的性中的若干最基本状态，被用来编织成技术文明的最终整合目标。但是，实现这一整合目标很显然还不能仅仅依赖技术意识形态的有机特征，而是在很大程度上依赖于对技术政策的灵活运用"。

成了一种气氛，让每一个建筑师都变得困惑和焦虑。这时，在远处的地平线上出现了最为糟糕的情形：建筑师的“职业”身份已经变得没落，建筑师必须在一个更大的计划中才能找到自己的工作角色，在这个大计划里，建筑艺术的意识形态角色早已变得微不足道了。

这个行业的新处境在许多发达资本主义国家早已经是残酷的现实了。建筑师希望通过采用最刺激人们神经的造型，希望借助于意识形态方面的扭曲来消除自己对它的恐惧，这只能说明这个团体中的每一个成员在政治上的落伍。

建筑师曾经根据意识形态方面的认识，大力鼓吹过全面规划和设计的铁律，但是他们现在却无法从历史的过程中来理解自己所走过的路，因此，他们便在自己亲自协助建立起来的这个过程中，采取极端的叛逆行动。更糟糕的是，他们甚至又重新抬出“道德”标准作为自己的理由，赋予过去的那种现代建筑艺术以一定的政治任务和角色，借此来暂时安抚一下自己的情绪，排遣自己内心那些说不清楚的愤怒，而那些愤怒其实是一种毫无道理的愤怒。

事实上，有一个实情我们必须认清。那就是，现代建筑的全部内容，以及视觉信息交流的全新体系，它们从诞生，到长大，再到后来陷入危机，整个的过程完全是因为一个伟大的抱负才发生的。这个抱负可以说是资产阶级艺术文化中的最后一次尝试，它总抱着过了时的意识形态，并以此来解决世界市场和生产发展中资本重组过程中出现的一系列问题，包括各种的不平衡、矛盾以及愚蠢等问题。

从这个角度来看，秩序和杂乱实际上再也不会彼此对抗了。如果从历史演变这个大背景来看，在构成主义艺术和“叛逆的艺术”之间根本就不存在任何矛盾；在建筑生产过程中，进行理性化和抽象的表现主义手段或者波普艺术的戏弄手段、资本主义计划和混乱的都市之间，在城市规划这个意识形态和“建筑形体造型艺术”之间，所有这些也都是不存在任何矛盾的。

用这样一种标准来检验，资本主义社会的命运根本不能置身于建筑设计活动之外。设计所体现的意识形态观念对于现代资本主义社会在各个方面进行整合是至关重要的。它整合了人类存在现实的所有结构以及上层建筑领域，同时也让人们产生一种幻觉，认为采用了完全不同的设计手段，或者采用了激进的“反设计”和“反规划”，就可以改变当时现有的设计。

建筑艺术实际上正面对着许多很具体的任务，这完全是有可能的。但是，让我们最感兴趣的东西只有一个。我们能做的只能是从阶级立场出发，对政治经济体系进行阶级的批判。因此，一种带有阶级立场的美学、艺术、建筑也是不可能找到的，我们能做的仅仅是从阶级立场出发，对美学、艺术、建筑甚至城市本身进行阶级的批判。

针对建筑艺术和城市设计中所体现出来的意识形态展开理论分析，用马克思主义理论进行缜密、全面的分析，就是我们唯一能做的，它可以帮助我们去掉历史真实中那些神秘的东西。我们所面对的现实都表现出某种偶然随机的性质，然而它们都是历史的真实结果。这些结果似乎没有自己的客观性，也没有普遍的适用性。而这种客观性和普遍性却是把艺术、建筑和城市等因素结合到一处的黏合剂。同样，它可以帮助我们认识到资本主义发展到底达到了怎样的水平，阶级运动应该正视和面对这样的认识。

在思想认识方面，出现了许多错觉。我们首先需要破除的第一个错觉是：仅仅凭借着某种形式的图片或者造型，我们就可以创造出某些条件，迎来一种属于“获得解放的社会”的建筑艺术。提出这个口号的人其实忘记问自己一个问题：我们暂且不去纠缠其中明显的乌托邦空想成分，只要问一句，不经过一场建筑艺术的语言革命、方法上的革命以及整体结构上的革命，真的就能实现这个口号所提出的那个目标吗？作为某种简单的主观愿望，或者对建筑艺术句法进行修补和更新，它们都根本无法与革命相提并论。革命远不止这些。

在追求理性化这样一种理想的时候，现代建筑试图让自己成为旗手，这也就决定了它自己的命运。现代建筑是一种把自己封闭在自己的政治追求这样的圈子里来操作的实践，它所追求的理性化的确对工人阶级产生了一定的影响，但是这些影响都是间接的结果。我们可以看清这种现象的历史必然性。但是，一旦认清它的历史必然性，要想继续隐藏一个残酷的事实就变得根本不可能了。这个残酷的事实就是，建筑师拼命死守自己专业所体现的那些意识形态观念，根本就是无谓的痛苦选择，是毫无意义的。

说那是“无谓的痛苦”，就好比是在说，当你被关进一个没有出口的完全封闭的容器里的时候，任何拼命逃跑的尝试都是毫无意义的。所以，事实上，现代建筑的危机绝对不是出现“疲倦”或者是“溃散”的结果，而是建筑艺术的意识形态角色的危机。现代“艺术”的没落是资产阶级多义性和模糊性的最后见证，它的模糊性就在于，它始终挣扎在“远大的”抱负和寻找自我商品化的机会之间。在现代艺术里根本无法找到“拯救”自己的机会：一方面，它游荡在无数的形式图像迷宫里，在那里一切都变得麻木了，是不可能找到出路的；另一方面，它顽固地缩在单纯的几何形里面，寻找自己所谓的完美形式和造型，二者都不会有任何结果。

正因为如此，单纯地从建筑艺术角度提出新的解决问题的方案，其实是毫无意义的。这种在造成目前建筑艺术困境的范围内来试图寻找出解决问题的方法，很明显是自相矛盾的举措，是根本行不通的。

建筑艺术让某种意识形态得到具体的“呈现”机会，而关于建筑艺术的反思正是针对这一点来展开批判的，因此，这种反思只有一种选择，那就是超越这类批判，从而达到在政治的高度上认清这个问题的本质。

只有在这时，也就是当我们在任何一种学科里面，彻底地抛弃了意识形态的束缚的时候，我们才有可能来讨论在资本主义发展的新阶段当中，一名专业人士能够扮演什么样的新角色，讨论建筑活动的组织者所能够发挥什么样的作用，讨论规划专家的责任。也只有在这时，我们可以连带着思考一下，在专业理论工作与阶级斗争的物质条件之间有可能出现的互相接触的可能状态，或者二者之间无法避免的矛盾。

伴随着资本主义的发展，出现了各式各样的意识形态思潮和主张。对这些意识形态观念提出系统性的批判，也仅仅是此类政治工作中的一项工作而已。针对意识形态展开批判的首要任务就是彻底清除各种毫无作用的神话，并清醒地认识到，正是因为这些神话才常常以给人以错觉的假象出现，让过去遗留下来的“让设计带给我们希望”的幻觉得以苟延残喘地存活下去。